U0353305

国家自然科学基金项目(51774165)资助
辽宁工程技术大学学科创新团队资助项目(LNTU20TD-05)资助

水岩耦合作用软岩巷道控制技术

李　刚　梁　冰　著

中国矿业大学出版社
·徐州·

内容提要

本书首先阐述了水岩耦合作用对岩石力学性能的影响规律，重点分析了浸水岩石破坏失稳机制和孔隙水压力对岩石力学性能的影响规律。然后根据实验室试验得到了含水率和孔隙水压力作用下软岩的蠕变特征，采用模式搜索的优化原理与最小二乘法相结合的方法对流变模型参数进行识别。基于有限差分程序开发了西原模型，并以此对水岩作用软岩巷道变形失稳规律进行了模拟研究。最后基于水岩作用软岩巷道变形失稳机理，论述了水岩耦合作用下软岩巷道围岩控制技术。

本书可供采矿工程技术人员使用，也可作为本科院校相关专业师生的参考用书。

图书在版编目(CIP)数据

水岩耦合作用软岩巷道控制技术 / 李刚，梁冰著.—徐州：中国矿业大学出版社，2021.5

ISBN 978-7-5646-5031-5

Ⅰ.①水… Ⅱ.①李… ②梁… Ⅲ.①软岩巷道—巷道围岩—围岩控制—研究 Ⅳ.①TD263

中国版本图书馆 CIP 数据核字(2021)第 101658 号

书　　名 水岩耦合作用软岩巷道控制技术
著　　者 李　刚　梁　冰
责任编辑 杨　洋
出版发行 中国矿业大学出版社有限责任公司
(江苏省徐州市解放南路　邮编 221008)
营销热线 (0516)83884103　83885105
出版服务 (0516)83995789　83884920
网　　址 http://www.cumtp.com　**E-mail**:cumtpvip@cumtp.com
印　　刷 徐州中矿大印发科技有限公司
开　　本 787 mm×1092 mm　1/16　**印张** 8　**字数** 200 千字
版次印次 2021 年 5 月第 1 版　2021 年 5 月第 1 次印刷
定　　价 48.00 元

前　言

软岩分布非常广泛，据不完全统计，仅泥岩和页岩就约占地球表面所有岩石的50%。同其他岩石(体)相比，软岩工程的变形特征和变形规律具有特殊性，给工程的稳定性控制带来了许多难题。随着我国经济的发展，国家重大基础设施也以前所未有的速度开展，涉及软岩工程的在建、拟建岩土工程多项，大多数工程是以地下洞室(群)为主的水工建筑物。

软岩工程不可避免受到水环境的影响，我国约60%的煤矿不同程度受到水的影响。在我国兴建的大量隧道工程中，许多为高水位山岭隧道和引水隧洞等，都不同程度受到水岩耦合作用的影响。水对于软岩工程稳定性来说是极大的隐患，可能致使原本稳定性可控制的巷道失稳，使小变形转变为大变形。这些岩土工程新情况带来了新的问题，这也是软岩工程问题一直被重视和关注的原因。因此，研究水对软岩蠕变性能的影响规律对于控制软岩工程的稳定性具有重要意义。

本书以煤矿生产实际为工程背景，对水岩耦合作用下软岩蠕变规律及其失稳机制、巷道围岩蠕变数学模型及其数值实现进行了全方面阐述，提出了针对性的水岩耦合作用软岩巷道蠕变控制技术，为解决生产实际中的难题和理论研究提供技术支持和理论依据。本书撰写分工如下：梁冰撰写1.1、4.1、4.2、6.1和6.2等章节，其他章节由李刚撰写。

本书的完成和出版得到了相关企业和同行的大力支持和帮助，撰写过程中借鉴了相关专家、学者的研究成果，在此深表感谢。本书的主要研究内容是在国家自然科学基金项目(51774165)和辽宁工程技术大学学科创新团队资助项目(LNTU20TD-05)资助下完成的，在此表示感谢。

限于作者水平，书中疏漏和不妥之处在所难免，敬请读者批评指正。

作　者

2021年5月

目　录

1 绪论

1.1 选题背景及研究意义

软岩分布非常广泛，据不完全统计，仅泥岩和页岩就约占地球表面所有岩石的50%[1]。同其他岩石(体)相比，软岩结构和力学性能具有其特殊性，因此，软岩工程的变形特征和变形规律具有其特殊性，给工程的稳定性控制带来了许多难题。随着我国经济的发展，国家重大基础设施也以前所未有的速度开展，涉及软岩工程的在建、拟建岩土工程多项，大多数工程是以地下洞室(群)为主的水工建筑物[2]，例如龙滩水电站、三板溪水电站、虎跳峡水电站等。其中，白鹤滩水电站的地下厂房高 90 m、宽35 m、长400 m；锦屏二级水电站是世界上埋深与规模均最大的水工引水隧洞，拥有 4 条引水隧道，单洞长 16.67 km，最大埋深约 2 525 m；规划中的南水北调西线工程的隧洞埋深大多数为 400～900 m，最大埋深可达 1 150 m。

煤矿软岩巷道是软岩工程的一个重要组成部分。我国已探明的煤炭资源量约占世界总量的 11.1%，相应的巷道掘进量每年达 6 000 km 以上，其中软岩巷道占 10%以上。从地域分布来看，从中国北方的内蒙古自治区大雁矿区到南方的广西壮族自治区那龙矿区，从西部的新疆维吾尔自治区九道岭矿区到东部的山东省龙口矿区；从地质年代来看，从古生界石炭二叠系的煤系地层逐步发展到中生界侏罗系煤系地层，以及新生界古近系、新近系煤系地层，都存在软岩巷道控制问题[3]。而且浅部的煤炭资源日益减少，煤炭资源深部开采已经成为必然趋势。据统计，我国煤矿开采深度以平均每年 8～12 m 的速度向深部发展；东部矿井正在以每年 10～25 m 的速度向深部发展[4]。随着开采深度的增加，对软岩巷道控制问题展开研究具有重要的现实意义。

由于软岩具有强流变特性，致使软岩巷道的变形失稳也具有流变性质，这一点在工程实践中已经被证实。例如有的巷道初期变形较为稳定，可是随着时间的推移，巷道变形量和变形速率增大，直至必须返修，甚至废弃。因此，控制软岩巷道围岩的过度流变是软岩巷道围岩控制的关键。

软岩工程不可避免受水环境的影响。据统计，我国约 60%的煤矿不同程度受到水的影响。在我国兴建的大量隧道工程中，许多为高水位山岭隧道、引水隧洞等，都不同程度受到水岩耦合作用的影响。水对于软岩工程稳定性来说是极大的隐患，可能致使原本稳定性可控制的巷道失稳，使小变形转变为大变形。有时，它比其他力学因素对工程稳定性的影响更为显著，因此，众多学者进行了大量研究[5-13]。这些岩土工程中的新情况提出了新的问题,这也是软岩工程问题一直受到重视和关注的原因。因此,研究水对软岩蠕变性能的影响规律对控制软岩工程的稳定性具有重要意义。

综上所述,研究软岩巷道在水岩耦合作用下的流变失稳机理,将流固耦合理论与软岩流变理论相结合,为现场软岩工程控制方法设计提供理论依据,具有重要的理论意义和实际价值。

1.2 国内外研究现状

1.2.1 软岩巷道支护研究现状

软岩巷道支护一直是困扰煤矿安全、高效生产的重大问题之一。软岩巷道支护不当会造成巷道大量返修,不仅造成了经济损失,还使整个矿井生产受到影响,甚至关闭。随着深部开采的进行,软岩矿井和软岩巷道的数量不断增加,直接影响煤矿生产,危及人身安全。因此,软岩工程的围岩控制得到了广泛关注。

(1) 软岩巷道工程控制理论研究现状

与硬岩的限制围岩进入塑性状态相反,软岩巷道控制多遵循让压支护原理,即在释放变形能的基础上实施围岩控制。虽然国内外很多专家学者都致力于该领域的研究,但是迄今为止,软岩工程的有效控制问题没有从根本上得到解决。

国外最早成功应用于软岩工程实践的支护理论是新奥法,该方法的核心是利用围岩的自承作用来支撑软岩巷道,使围岩本身也成为支护结构的一部分,其本身与支护共同形成一个支承环。后来,M. D. G. Salamon[14]等提出了能量支护理论,该理论认为支护体与围岩互相作用,共同变形,在共同变形过程中围岩释放一部分能量,支护体则吸收一部分能量,但总的能量不变,据此主张采用使其较容易地将围岩应变控制在允许范围内的支护结构来进行围岩控制。

国内学者对软岩巷道控制的研究始于20世纪50年代末期,北京矿务局、东北的沈北矿区和内蒙古红庙煤矿对软岩巷道稳定性控制进行了研究。具有代表性的支护理论有:岩性转化理论、轴变理论、联合支护理论、锚喷-弧板支护理论、松动圈理论、围岩强度强化理论和主次承载区支护理论、应力控制理论和关键部位耦合支护理论等。

(2) 软岩巷道工程支护技术的发展现状

随着软岩巷道控制理论的不断研究和现场实践经验积累,已经形成了比较完善的支护技术方法和支护手段,国外主要采用金属可缩性支架。我国在锚网支护技术研究与应用方面取得了丰硕的成果。目前形成的成套支护技术有锚网索喷支护技术、锚网索喷注浆加固技术、U型钢可缩性金属支架、U型钢支架+喷注、混凝土注浆加固、壁后充填全断面封闭式U型钢可缩性金属支架、壁后充填大弧板支护、网壳支架,以及上述部分支护形式和锚网喷、卸压等联合支护技术。

1.2.2　水岩耦合作用研究现状

水岩耦合作用(water-rock interaction,简称 WRI)是由苏联学者于 20 世纪 50 年代提出的。WRI 研究有 2 个主要分支,即侧重水化学作用的水岩耦合作用研究和侧重水动力学的水岩耦合作用研究。前者侧重水化学的研究,即地球中水的起源、水质时空分布规律及其影响因素、地球中水的地球化学演化,分析不同条件下 WRI 的地球化学特征、过程动力学及其地质效应(如成岩、成矿、成油)、环境效应等;后者侧重水动力学的研究,即水岩耦合作用,主要研究地质环境中水动力场与地应力场相互作用的时空分布规律、类型、规模及其环境效应,如岩土稳定性、地质灾害等。本书仅考虑后者,即着重考虑水岩耦合作用对工程围岩变形失稳的影响规律。

关于岩石和流体相互作用的研究最早见于 T. Karl 对地面沉降的研究[15],但是其研究内容局限于一维弹性孔隙介质中的饱和流体流动时的固结,同时提出了著名的有效应力理论。20 世纪中期,M. Biot[16-18] 将 T. Karl 的工作推广到三维固结问题中,奠定了地下流固耦合理论研究的基础。

国外学者 N. Katsube 等[19],以混合物介质理论为依据,在 Biot 固结理论基础上建立控制方程。X. K. Li[20] 等考虑固相介质和流相介质压缩性及流相间的毛细压力,详细讨论了两相非混溶流固耦合模型的数值解法。R. W. Lewis 等[21] 忽略了固相骨架变形的影响,推导出了相应方程。C. Chakrabarty 等[22] 建立了相应流固热耦合方程,并给出了计算方法。

国内学者在水岩耦合作用研究方面也取得了一定的成果[23-25]。董平川等[26-27] 建立了可变形饱和储层中流体流动的数学模型。薛世峰[28-29] 建立了非混溶饱和两相渗流与孔隙介质耦合数学模型,推导出了用解耦方法建立的有限元计算格式,并对流固耦合效应进行了分析。李锡夔[30] 讨论了力学-渗流-介质耦合问题的数学模型。冉启全等[31-33] 建立了油藏多相渗流与应力耦合渗流数学模型,采用有限差分与有限元交替迭代的求解方法。

黎水泉等[34-35] 建立了双重孔隙介质流固耦合渗流模型,考虑渗透参数随有效应力变化的非线性双重孔隙介质流固耦合渗流。吉小明等[36] 推导出了双重介质单相流体耦合模型,建立了相应有限元统一求解格式。刘建军等[37] 根据裂缝低渗透油藏的储层特征,建立了适合裂缝性砂岩油藏渗流的等效连续介质模型,并将渗流力学与弹塑性力学相结合,建立了裂缝性低渗透油藏流固耦合数学模型,采用有限差分与有限元相结合的方法建立了数值模型。

1.2.3　水对软岩及软岩巷道影响的研究现状

1.2.3.1　水对软岩物理力学性能影响的研究现状

水是影响岩石和结构面流变性能的一个重要因素,对软岩性能的影响尤为显著。早在 20 世纪 80 年代,耿乃光等[38] 进行了水对岩石力学性能影响的试验研究,其研究认为：水分对岩石力学性能的影响十分复杂。水分的作用在不同的场合有很大的不同。在水库地震这种地表围压不大的地质环境中，水分能使岩石的破裂强度降低，又能使岩石的摩擦强度提高。如果水库地区存在断层并包含黏土断层泥，水分有减小摩擦系数的作用。因此，只有深入研究才有可能弄清楚水分在多种复杂的地质活动过程中究竟起什么作用，进而解决与此相关的能源与资源开发和灾害防治中的实际问题。陈钢林等[54]进行了水对受力岩石变形破坏宏观力学效应的试验研究，发现宏观上水对岩石受力变形的作用是各向同性的，并且对受力岩石的力学效应具有时间依赖性。

刘光廷等[39]对软岩遇水软化膨胀特性及其对拱坝的影响进行了研究，研究认为：泥钙质胶结砾岩遇水后软化、膨胀，膨胀量不仅与砾岩含水率变化值有关，还与应力和初始含水率有关。对几种可能出现的工况进行数值模拟，结果显示：如果砾岩在运行阶段遇水膨胀，那么其对结构的影响不能忽视。结合原型观测得出结论：在砾岩上修建结构物（如拱坝）时，除了要考虑岩石初始应力场的影响外，还要根据实际工程情况考虑浸水对砾岩力学性能的影响。刘新荣等[40]进行了水岩耦合作用下砂岩抗剪强度劣化规律的试验研究，研究认为：水岩耦合作用对岩石抗剪强度的影响显著。C. G. Dyke 等[41]对 3 种单轴抗压强度为 34～74 MPa 的干石英砂屑岩进行了试验研究，得出岩石强度越低对含水率越敏感的结论。A. B. Hawkins 等[42]对取自英国各地的 35 种不同砂岩进行了干燥和饱和状态下单轴抗压强度试验。喻学文等[43]对四川东部红层砂岩的饱和抗压强度进行了测试，其软化系数约为 0.35；泥岩的饱和抗压强度小于 29.4 MPa，软化系数为 0.15～0.88。陈钢林等[44]对饱和状态的砂岩和花岗闪长岩的单轴抗压强度和弹性模量进行了浸水衰减试验研究。康红普[45]根据山东兖州煤矿泥岩的试验测试结果，得出了岩石遇水后的强度损失率与岩石初始应力状态有关的结论，并给出了单轴抗压强度、弹性模量损失率与应力状态及含水率的关系表达式。

1.2.3.2 水对软岩流变特性影响的研究现状

流变性是软岩的主要工程特性之一，因此国内外学者对此进行了多年的深入研究，取得了一定的成果[46-54]。国外学者对岩石流变特性及其本构关系的研究起于 20 世纪 30 年代，D. Griggs 等[55]在 1939 年发表的研究成果中提出采用对数型经验公式来描述岩石流变本构关系。M. Langer[56]在 1979 年第四届国际岩石力学大会上系统地阐述了岩石流变的基本概念和基本规律。B. Ladanyi 等[57]利用长期钻孔膨胀计对盐岩进行了现场流变试验。H. Itô 等[58-60]从 1957 年起先后对 6 根花岗岩、3 根辉长岩试件进行了历时几十年的弯曲蠕变试验。S. Okubo 等[61]在自行研制的伺服控制系统刚性试验机上完成了对大理岩、砂岩等岩样的压缩蠕变全过程测试，并提出描述岩石三阶段蠕变的本构方程。M. Matsumoto 等[62]对软岩进行了蠕变特性试验和相关数学模型的研究。W. Korzeniowski[63]对白云岩矿柱进行了现场承压板法的蠕变试验，并利用 Burgers 蠕变模型拟合了试验结果。E. Maranini 等[64]对石灰岩进行了单轴、三轴压缩蠕变试验，基于 Cristescu 理论通过不同围压下花岗岩的三轴蠕变试验提出了描述岩石蠕变的非关联黏塑性本构方程。D. F. Malan 等[65-67]研究南非金矿深部岩石的破裂机制时发现即使是坚硬的石英岩和火成岩，流变效应也十分显著。P. E. Senseny[68]，G. Vouille 等[69]，R. R. Cornelius 等[70]，D. E. Munson[71]，G. D. Callahan 等[72]，M. Haupt[73]等采用不同的试验方法对岩盐的蠕变规律和本构关系进行了研究。

我国对岩石流变力学的研究始于 20 世纪 50 年代末。80 年代初，陈宗基等[74]针对葛洲坝工程地基泥化夹层，根据松弛试验提出长期强度的本构方程，深入阐述了岩石流变扩容理论，并运用该理论解答了坝基和地下工程中的一系列问题。孙钧等[75-79]研究了不同岩石和结构面的蠕变、松弛特性，对岩石流变的试验技术、本构理论与模型参数辨识、数值分析方法以及工程应用进行了全面探讨。

近几年国内学者对软岩蠕变的研究越来越多。朱定华等[80]通过对南京红层软岩进行流变试验，得到了红层软岩蠕变特征曲线，符合 Burgers 本构模型，并得到 4 种经典型软岩的模型参数。试验得出长期强度是其单轴抗压强度的 63%～70%。于永江等[81]为了研究富水软岩在动力扰动下的蠕变特性和本构模型，采用自主研发的岩石流变扰动效应试验仪对不同含水率的软岩进行分级加载流变扰动效应试验，推导出了扰动能量的扰动状态方程，在此基础上建立了富水软岩流变扰动效应本构模型，并对参数进行了识别与验证。陈沅江等[82]研制了用于软岩流变的蠕变-松弛耦合试验仪，探讨了采用单级加载和逐级加载两种方式确定软岩流变参数与长期强度的蠕变-松弛耦合试验原理。董志宏等[83]根据现场模型洞开挖时的位移监测结果，运用均匀设计、神经网络、遗传算法对构皮滩水电站地下厂房区的软岩流变参数进行了反演分析，得到该区软岩的流变参数，并用后验误差估计方法对反分析结果进行了评价，验证了参数的合理性。胡华[84]结合我国近几年软弱岩土突发地质灾害的实际情况，分析探讨了动态流变力学理论在地质灾害突发机理和灾害监测预报等方面的研究技术路线与应用前景；测试了软弱岩土在动态荷载作用下的动态流变参数，建立了动态流变力学模型，推导出新的流变方程。王永岩等[85]根据黏弹性有限元反分析理论，在地下工程软岩流变问题中引入西原体模型，探索黏弹性有限元反分析方法，并进行参数优化、可靠性分析和计算精度对比，通过工程实例计算，验证了该方法的可行性和可靠性。高延法等[86]进行了现场地应力测量和实验室试验，对岩石流变性能、水理性质、矿物结构进行了细致分析，在此基础上对海域巷道流变机理进行有力论述，得出了海域巷道围岩流变规律；提出了岩石强度极限领域的概念；探讨了巷道围岩应力场的演变规律；提出了针对龙口矿区煤系地层结构特点的巷道支护对策。包兴胜[87]通过试验得出了软质页岩最大屈服应变，对软岩巷道变形进行了监测，采用流变理论和有限元方法，研究了软岩巷道变形规律。经对比分析可知数值模拟结果能精确预测软岩巷道的变形。赵延林等[88]采用分级增量循环加卸载方式，对金川有色金属公司Ⅲ矿区软弱节理矿岩进行蠕变试验，对岩石变形的瞬时弹性应变、滞后黏弹性应变、瞬时塑性应变与黏塑性应变等四种力学状态进行分析，探讨了软弱节理矿岩的黏弹塑性变形特性。引入两种非线性元件，得到一种新的复合元件流变模型，以研究复杂条件下节理软岩的黏弹塑性变形特性。张强勇等[89]根据大岗山坝区现场压缩蠕变试验资料和推导的基于广义开尔文模型的刚性承压板边缘岩石的黏弹性变形计算公式，采用优化反演计算得到坝区软岩的蠕变力学参数，建立了大岗山水电站坝区边坡开挖卸荷的三维流变计算分析模型。张尧等[90]从岩石单轴压缩流变试验、多轴压缩流变试验、拉伸断裂流变试验、岩石及结构面的剪切流变试验等流变试验中的各种影响因素来评述岩石流变试验的研究进展，同时从经验模型、元件模型、损伤断裂模型、基于内时理论的流变模型以及黏弹塑性模型等来回顾岩石流变本构模型的发展。王襄禹等[91]针对软岩巷道大变形和长时间持续流变的特性，采用黏弹塑性力学模型分析其变形特点和影响因素，并根据试验结果提出了控制围岩变形的技术。赵旭峰等[92]根据位移反演分析理论，建立一种基于实测位移序列的模型辨识与参数反演方法，获得对隧道围岩稳定性分析结果影响显著的流变参数，进而实施流变模型辨识，为隧道工程围岩稳定性分析提供合理的本构模型和切合实际的计算参数。南培珠等[93]根据单轴分级加载条件下的流变试验、理论推导和现场监测结果，运用遗传算法确定合理的流变模型和参数，建立了巷道围岩流变力学模型，确定了巷道流变产生的位移量，结合现场监测，准确得到软岩巷道在不同服役期的全过程变形规律。

关于水对软岩流变特性影响的研究相对较少。文献[94]的研究结果表明：水岩耦合作用影响岩石的起始流变应力，致使浸水试件在很小的应力作用下就产生流变。朱合华等[95]、杨彩虹等[96]通过对比两种状态下（干燥和饱水）凝灰岩蠕变试验结果得出如下结论：含水量对岩石的极限蠕变变形量的影响极为显著，干燥试样和饱和试样的蠕变变形量相差5～6倍；含水量还影响岩石达到稳定蠕变阶段的时间，饱和试样进入稳定蠕变阶段的时间比干燥试样长得多。刘光廷等[97]对新疆某拱坝坝区软弱砾岩进行了流变试验，试验结果表明：相同应力条件下泡水砾岩流变变形约等于干燥状态的10倍。荣耀等[98]进行了不同含水岩石蠕变试验电磁辐射频谱分析，研究认为水分改变了岩石的物理、力学性能。水对岩石的物理、力学性能影响极大，使破坏岩石单位面积结合键消耗的总能降低，从而使岩石强度和弹性模量降低，塑性增大，最终使受荷岩石产生的电磁辐射强度降低。

1.2.3.3　水对软岩巷道变形影响的研究现状

关于水对软岩巷道变形的影响及其控制方法方面的研究较少。颜炳杰[99]针对具体矿井探讨了水敏性软岩水患巷道的控制方法。华福才等[100]、李海燕等[101]对膨胀性软岩巷道变形和支护进行了研究。许兴亮等[102-104]从巷道控制的过程和原则方面对泥化软岩巷道进行了研究。实际工程中，有的工程围岩非常破碎，而有的工程围岩却比较完整，但是在相同的支护参数条件下出现了前者稳定而后者失稳的奇怪现象。这种现象使人们认识到洞室支护（尤其是软岩洞室的支护）存在合理的支护时机，并对其进行了一系列的研究[105-109]，水作用软岩巷道围岩控制的时间问题更为突出。

1.3　本书研究内容及技术路线

本书以煤矿开采学、岩石力学、实验力学、渗流力学和岩石流变力学等多学科基础理论为核心，采用理论分析、现场观测、实验室试验和数值计算相结合的研究方法，对水岩耦合作用下软岩巷道的变形机理及其控制方法进行研究，技术路线图如图1-1所示。详细研究内容如下。

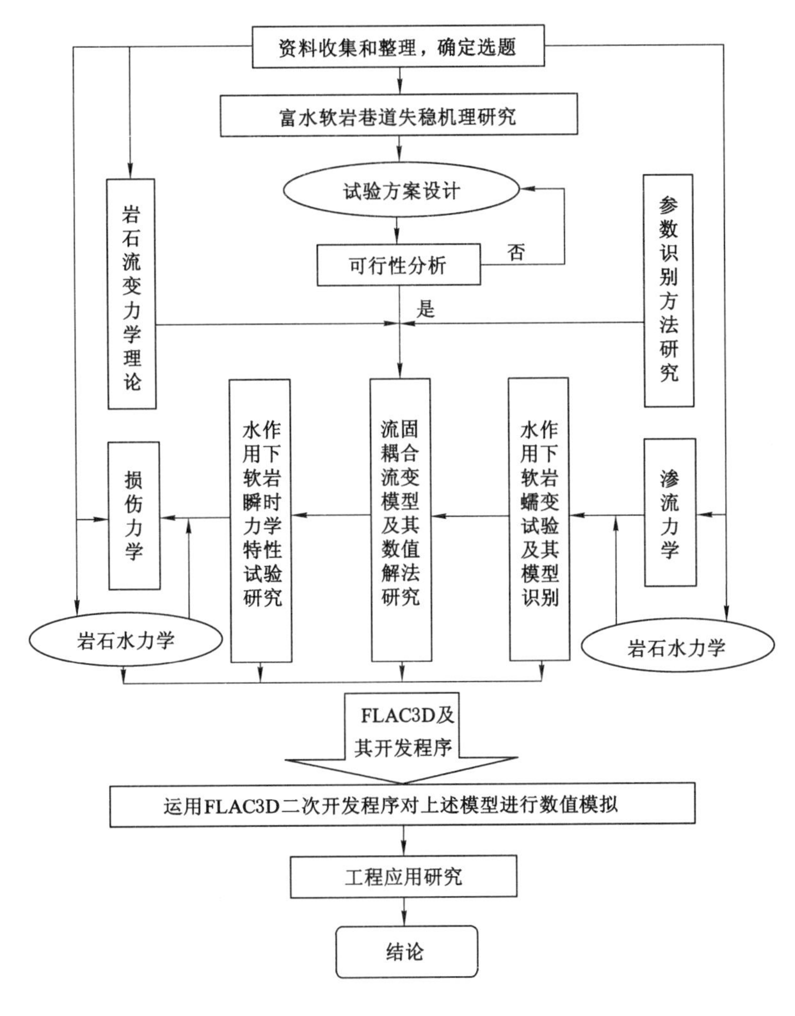

图1-1 技术路线图

(1) 水岩耦合作用对软岩力学特性影响的理论研究

探讨水对软岩力学特性的影响需要从含水率对软岩强度的软化作用和孔隙水压力对围岩体的流固耦合作用两个方面进行研究。

① 水对岩石力学性质影响的物理作用规律分析；

② 水对岩石力学性质影响的化学作用规律分析；

③ 水对岩石力学性质影响的力学作用规律分析。

(2) 水对软岩强度软化规律的实验室试验研究

众所周知，水对岩石具有强度软化作用，对软岩的软化作用更为显著。软岩遇水的软化规律是研究水岩耦合作用下软岩巷道变形规律和制定控制方案的基本依据。本书通过对典型软岩在浸水状态和不同浸水时间下的力学特性进行测试，获取软岩在水作用下的强度和弹性参数的降低规律：

① 软岩浸水效果的宏观表象观测试验；

② 水对软岩单轴抗压强度影响的试验研究；

③ 水对软岩弹性模量影响的试验研究；

④ 浸水时间对软岩软化规律影响的试验研究。

（3）水对软岩蠕变特性影响的试验研究

流变性是软岩的固有属性之一，也是影响软岩巷道变形失稳的重要因素之一。了解软岩的流变特性是制定软岩巷道围岩控制方案的前提。通过对软岩试样进行不同含水率和不同孔隙水压力作用下的蠕变测试，研究水对软岩蠕变的影响规律：

① 含水率对软岩蠕变规律影响的试验研究；

② 孔隙水压力对软岩蠕变规律影响的试验研究。

（4）软岩巷道围岩流变模型的选取及其参数识别

对试验数据的分析、处理是科学研究的重要环节。在实验室蠕变试验的基础上，选择恰当的流变模型，并对模型进行有效参数识别，是对现场岩土工程稳定性分析的基础和前提。本书基于岩体流变力学基础理论和实验室试验确定能够反映水作用下软岩巷道蠕变规律的流变模型，并以 MATLAB 软件为平台，编写基于模式搜索方法的最小二乘参数识别程序，对模型参数进行识别。

① 流变模型的选取；

② 蠕变模型参数识别程序的编写；

③ 蠕变模型参数识别。

（5）数值计算软件的二次开发及数学模型的数值实现

本书采用有限差分软件 FLAC3D 对水作用软岩巷道围岩变形规律进行数值模拟。由于该软件模型库中的蠕变模型有限，需要将本书的流变模型嵌入软件的蠕变模型库。因此，基于 Visual Studio 2008 对 FLAC3D 软件进行了二次开发，以实现在数值模拟中应用该蠕变模型。

① FLAC3D 有限差分程序二次开发，将西原体蠕变模型嵌入 FLAC3D 软件蠕变模型库；

② 西原体蠕变模型的验证。

（6）水岩耦合作用下软岩巷道流固耦合流变模型及其数值模拟

数值模拟已成为进行科学研究的重要手段之一。为了分析水作用下软岩巷道的变形规律和应力分布特点，建立了流固耦合流变模型，并利用二次开发的有限差分程序对水作用下软岩巷道在掘进过程中的力学响应进行了数值模拟，为最终控制方案的制定提供参考依据。

① 软岩流固耦合流变模型的建立；

② 耦合流变模型的数值实现；

③ 水作用下软岩巷道围岩力学响应的数值模拟研究；

④ 水作用下软岩巷道围岩控制效果的数值模拟研究。

(7) 水岩耦合作用下软岩巷道围岩控制方法及其应用研究

水岩耦合作用下软岩巷道变形机理复杂,"对症下药、联合支护"为巷道控制的基本指南,综合考虑软岩巷道所处的地质环境、围岩特性和水环境等因素,提出了水岩耦合作用下软岩巷道控制技术和基本措施。

① 水岩耦合作用下软岩巷道围岩控制方法研究,确定以有效隔离水和防堵水及防止过度流变为核心的复合控制方法;

② 红庙煤矿水作用下软岩巷道控制方案设计及其现场工业试验研究。

1.4 本书的创新点

(1) 水对软岩巷道围岩稳定性的影响目前并没有得到足够重视,而且软岩巷道的围岩控制不能忽略其流变特性。据此,本书首次同时考虑水对软岩巷道围岩影响和软岩流变性,进行软岩巷道围岩失稳机理及其控制方法的研究。

(2) 在研究水对软岩蠕变规律的影响过程中,以往将含水率和孔隙水压力对岩石的影响独立进行研究,现场应用较少,本书同时考虑含水率和孔隙水压力对软岩蠕变规律的影响,进行了孔隙水压力对软岩蠕变规律影响的三轴蠕变试验研究,获得了孔隙水压力对软岩蠕变的影响规律。

(3) 对 FLAC3D 软件进行了二次开发,将西原体模型嵌入 FLAC3D 软件中的蠕变模型库,实现了基于该蠕变模型的软岩巷道蠕变行为的数值模拟。

(4) 建立了岩石应力场和渗流场作用下的流固耦合流变模型,利用 FLAC3D 软件调用二次开发的蠕变模型和内置的流固耦合模块进行了数值求解。

(5) 针对水岩耦合作用下的软岩巷道失稳机理,提出了以有效隔离水和防堵水及防止围岩流变失稳为核心的复合控制方法。

2 水岩耦合作用对软岩力学性能的影响

2.1 引言

水对软岩力学性能的影响机理包括物理作用、化学作用及力学作用等，其中化学作用过程是不可逆的。例如，水对岩石孔隙填充物的化学溶蚀作用、对铁元素等金属离子的氧化作用、对碳酸岩的侵蚀和潜蚀都属于化学作用；物理作用过程一般是可逆的，如软岩浸水后内摩擦角降低、失水后又恢复的现象；水对岩石的力学作用主要表现为静水压力的有效应力作用和动水压力的冲刷作用；水对岩石的物理作用包括软化、泥化、膨胀与溶蚀等。作用结果是使岩石性能逐渐劣化，以致岩石变形、失稳、破坏。水岩耦合作用的物理作用、化学作用和力学作用是不可分割的，但是一般来说，化学作用对岩石力学性能的影响是一个相对缓慢的过程，并与特殊的工程环境的水文地质条件有关。

2.2 水对岩石力学性能影响的物理作用

2.2.1 水的润滑作用

在岩体的不连续面边界上，处于岩体中的地下水对岩体产生润滑作用，使不连续面上的摩阻力减小，使作用在不连续面上的剪应力效应增强，其结果是沿不连续面诱发岩体的剪切运动。地下水对岩体产生的润滑作用反映在力学性能上就是使岩体的内摩擦角减小。

2.2.2 水对岩石的软化和泥化作用

地下水对岩石的软化和泥化作用显著，主要表现在对岩石结构面中充填物物理性能的改变上。岩石结构面中充填物随着含水量的变化而变化，发生由固态向塑态直至液态的弱化效应。软化和泥化作用使岩石的力学性能降低，凝聚力和内摩擦角减小。

统计资料表明：具有高强度的结晶岩阻抗水岩耦合作用能力较强，岩石的软化系数高达 0.9 以上；中强度的钙质、硅质胶结岩石强度软化系数相对较低；低强度的泥质胶结岩石易受水弱化，软化系数均在 0.7 以下；胶结受到破坏的一些构造岩、风化岩或者某些胶结极为不良的松散岩类，其软化系数可降到 0.5 以下。因此，不同胶结程度的岩石对水岩耦合作用的敏感程度不同。

岩石遇水之后强度往往降低，将岩石浸水后强度降低的性能称为岩石软化性。岩石的软化性取决于其矿物组成及孔隙。当岩石中含有较多的亲水性矿物和较多大开孔隙时，其软化性较强。

表征岩石软化性的指标是软化系数(K_R)，为岩石饱水抗压强度(σ_{cw})与干抗压强度(σ_{cd})之比，即

$$K_R = \frac{\sigma_{cw}}{\sigma_{cd}} \tag{2-1}$$

显然，K_R 越小，岩石的软化性越强。当 $K_R > 0.75$ 时，软化性弱，同时说明抗冻能力和抗风化能力强。常见岩石的软化系数见表 2-1，岩石的软化系数均小于1.0，说明岩石都具有不同程度的软化性。

表 2-1 常见岩石的软化系数

岩石名称	软化系数	岩石名称	软化系数
花岗岩	0.72～0.97	砾岩	0.50～0.96
闪长岩	0.60～0.80	石英砂岩	0.65～0.97
闪长玢岩	0.78～0.81	泥质砂岩	0.21～0.75
辉绿岩	0.33～0.90	粉砂岩	0.21～0.75
流纹岩	0.75～0.95	泥岩	0.40～0.60
安山岩	0.81～0.91	页岩	0.24～0.74
玄武岩	0.30～0.95	石灰岩	0.70～0.94
火山集块岩	0.60～0.80	泥灰岩	0.44～0.54
火山角砾岩	0.57～0.95	片麻岩	0.75～0.97
安山凝灰集块岩	0.61～0.74	石英片岩	0.44～0.84
凝灰岩	0.52～0.86	角闪片岩	0.44～0.84
硅质板岩	0.75～0.79	云母片岩	0.53～0.69
泥质板岩	0.39～0.52	绿泥石片岩	0.53～0.69
石英岩	0.94～0.96	千枚岩	0.67～0.96

水使岩石强度降低也可以由静水压力对岩石产生的有效应力进行解释。根据莫尔-库仑强度准则，当岩石孔隙和裂隙上作用有水压力时，其有效正应力 $\sigma' = \sigma - ap$，则此时岩石强度为：

$$\tau = (\sigma - ap)\tan\varphi + C = \sigma\tan\varphi + (C - \alpha p\tan\varphi) \tag{2-2}$$

式(2-2)可写成：

$$\tau = \sigma\tan\varphi + C_w \tag{2-3}$$

式中 C_w——受水影响后岩石的凝聚力。

$$C_w = C - \alpha p\tan\varphi \tag{2-4}$$

根据莫尔-库仑强度准则，干燥岩石单轴抗压强度 R_d 与凝聚力 C、内摩擦角 φ 有如下关系：

$$R_d = 2C\cos\varphi(1-\sin\varphi) \tag{2-5}$$

当岩石内有孔隙水压力 p 时，按有效应力推导，其单轴湿抗压强度 R_w 为：

$$R_w = R_d - 2p\sin\varphi(1-\sin\varphi) \tag{2-6}$$

由式(2-4)和式(2-6)可以看出：水压作用下岩石凝聚力减小了 $\alpha p\tan\varphi$，抗压强度减小了 $2p\sin\varphi/(1-\sin\varphi)$。

当 p 不为 0 时，岩石湿抗压强度恒小于岩石干抗压强度。

软化系数 λ_s 为：

$$\lambda_s = R_w/R_d = 1-(p/C)\tan\varphi \tag{2-7}$$

式(2-7)表明：C 必须大于 $p\tan\varphi$，否则 λ_s 为负值；孔隙水压力越大，软化系数越小，当 $p=0$ 时，$\lambda_s=1$。

岩石的软化性对工程的稳定性影响很大，在设计中必须考虑。另外，在地下采矿活动中有时充分利用水对岩石所产生的软化作用，从而防止地质灾害的发生，如煤与瓦斯突出防治中的水力处理措施的采取、大面积来压中坚硬顶板的注水软化处理等。

2.2.3 结合水的强化作用

当土壤中的地下水不是重力水而是结合水时，地下水处于负压状态。按照有效应力原理，此时地下水的作用强化了土体的力学性能，即提高了土体的强度。例如沙漠区的表面沙，当其土体中没有水时，包气带的沙中孔隙全部被空气充填，此时空气的压力为正，沙土的有效应力小于其总应力，因而是一盘散沙。当加入适量水后，沙土的强度迅速提高，因为此时包气带上出现重力水，水的作用就变成了弱化土体的作用。

2.3 水对岩石力学性能影响的化学作用

水对岩石的化学作用主要体现在以下几个方面。

(1) 离子交换作用

能够进行离子交换的是高岭土、伊利石、蒙脱石、绿泥石、沸石、蛙石、氧化铁以及有机物等黏土矿物，主要是因为这些矿物中大的比表面上存在胶体物质。地下水与岩石之间离子交换的实质是由物理力和化学力吸附到土体颗粒上的离子和分子与地下水进行交换。离子交换使得岩石的结构改变，从而影响其力学性能。

(2) 溶解作用和溶蚀作用

地下水中的离子大多数是由溶解作用和溶蚀作用产生的，因此，水对岩体的溶解作用和溶蚀作用在地下水化学演化中起着重要作用。大气降水在渗入土体过程中溶解了大量的气体，如 N_2，O_2，CO_2 及 H_2S，增强了地下水的侵蚀性。具有侵蚀性的地下水对如石灰岩($CaCO_3$)、白云岩($CaMgCO_4$)、石膏($CaSO_4$)、岩盐($NaCl$)以及钾盐(KCl)等可溶性岩石产生溶蚀作用，其结果是使岩体中产生溶蚀裂隙、溶蚀空隙或者溶洞等，增大了岩体的孔隙率，提高了其渗透性。

(3) 水化作用

水化作用的实质是水渗透到岩土体矿物结晶格架中或者水分子附着到可溶性岩石的离子上,从而使岩石结构发生微观、细观及宏观的改变,进而使岩土体的凝聚力减小。自然界中的岩石风化就是由地下水与岩石之间的水化作用引起的。

(4) 水解作用

水解作用是地下水与岩土体之间发生的一种化学反应。当岩土物质中的阳离子与地下水发生水解作用时,地下水中的氢离子(H^+)浓度增大,即 $M^+ H_2O \longrightarrow MOH + H^+$。当岩土物质中的阴离子与地下水发生水解作用时,地下水中的氢氧根离子(OH^-)浓度增大,则水的黏度增大,即 $X^- + H_2O \longrightarrow HX + OH^-$。水解作用一方面改变地下水的 pH 值,另一方面使岩土物质发生改变,进而影响岩土的力学性能。

(5) 氧化还原作用

氧化还原是指一种电子从一个原子转移到另一个原子所发生的化学反应,氧化过程和还原过程一同出现,并且相互弥补。水岩之间的氧化作用发生在潜水面上的包气带中,氧气(O_2)可从空气和 CO_2 中源源不断获得,而在潜水面以下的饱水带中耗尽。另外,氧气在水中的溶解度(20 ℃时为 6.6 cm^3/L)比在空气中的溶解度(20 ℃时为 200 cm^3/L)小得多,所以氧化作用随着深度增加而逐渐减弱,而还原作用随着深度增加而逐渐增强。在地下水与岩土之间经常发生的氧化过程包括:① 硫化物的氧化过程,产生 Fe_2O_3 和 H_2SO_4;② 碳酸盐岩溶蚀产生 CO_2。地下水与岩土之间发生的氧化还原作用,既改变岩土中的矿物组成,也改变地下水的化学组分和侵蚀性,进而影响岩土的力学性能。

2.4 水对岩石力学性能影响的力学作用

天然岩石往往经历了复杂的地质力学作用。岩石内部存在分布极不均匀的孔隙和微裂隙。当岩石的受力状态发生改变时,微裂隙或闭合、张开甚至扩展。孔隙(裂隙)充满水时,根据饱和孔隙介质的弹性理论,孔隙水降低了岩石的有效应力。当岩石受荷载作用时,孔隙(裂隙)的变形由有效应力引起。

有效应力方程为:

$$\sigma'_{ij} = \sigma_{ij} - \varphi p \delta_{ij} \tag{2-8}$$

由式(2-8)可知:岩石孔隙中存在的孔压,抵消一部分轴压 σ_1 和围压 σ_3,试件达到相同的压缩量,需要施加更大的轴压 σ_1。其原因是孔隙水压力减小了岩石的有效平均应力,但偏应力不变,由莫尔-库仑定律可知岩石更容易达到极限强度。同时,水压力各向等压的传递直接影响岩石力学性能,使岩石从脆性破坏向延性破坏过渡。

岩石中地下水的作用是通过改变岩石内应力状态来改变岩石的结构,从而改变裂隙的孔隙率和压缩系数,使得地下水的渗流发生变化。特别是在采动影响下,这两种改变叠加可能使岩石劈裂扩展,产生剪切变形和位移,使岩石中结构面的孔隙率增大,连通性增强，从而增强了岩石的渗透性能[110-111]。

2.4.1 孔隙水压力对岩石的挤入破坏作用

假设承压水挤入岩石的过程为一维流动，x 轴为岩体中裂缝的发展方向，如图 2-1 所示。令水流方向上任意点 x 处的压力为 p，则裂缝壁面上的阻力与该点压力成正比，比例系数为裂缝面的粗糙系数 K。因为在小单元的中点处水压力为 $p+\dfrac{1}{2}\dfrac{\partial p}{\partial x}$，所以裂缝面上的阻力为 $K\left(p+\dfrac{1}{2}\dfrac{\partial p}{\partial x}\mathrm{d}x\right)$，如果取单元体厚度为 1，该点的宽度为 B，考虑到 θ 很小，根据水流运动规律，则在 x 轴方向上有：

$$\left(p+\frac{\partial p}{\partial x}\mathrm{d}x\right)(B-\mathrm{d}B)-pB+2\left(p+\frac{1}{2}\frac{\partial p}{\partial x}\mathrm{d}x\right)K\,\mathrm{d}x=\left[\rho\frac{1}{2}(B+pB-\mathrm{d}B)\mathrm{d}x\right]\frac{\partial^2 u}{\partial t^2} \tag{2-9}$$

式中 u——水的流速；

ρ——水的密度。

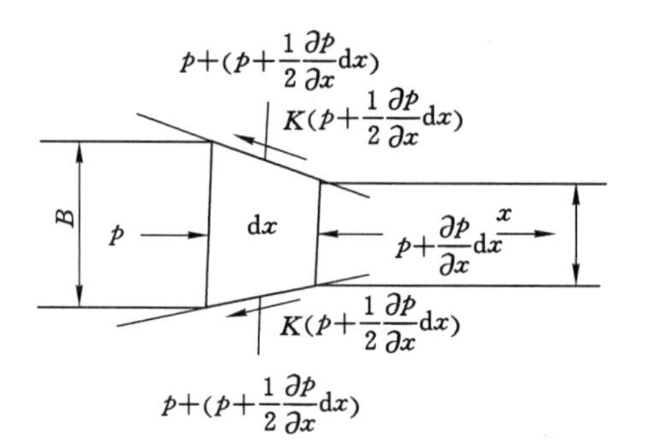

图 2-1 承压水挤入岩石模型

因为地下水水流速度随时间变化 $(\partial u/\partial t)$ 很小，可忽略不计，则式(2-9) 右端项为 0。而 $\mathrm{d}B=\theta\mathrm{d}x$，$\theta$ 为裂缝夹角，为微小量，所以 $\mathrm{d}B$ 为二阶微量，忽略所有二阶微量后得：

$$B\frac{\partial p}{\partial x}+2pK=0$$

解得：

$$p=p_0\mathrm{e}^{Kx/B} \tag{2-10}$$

式中 p——承压水初始时刻的静水压力。

式(2-10)即承压水挤入岩石内部时的压力与裂缝参数之间的关系式，可知挤入岩石的水压力随着进入裂缝的深度和裂缝的粗糙度的增大而衰减。

由式(2-9)可得出承压水挤入裂缝的深度：

$$x=\frac{B}{K}\ln\frac{p_0}{p} \tag{2-11}$$

由式(2-11)可知：原始水压越大，挤入裂缝深度越大，并且裂缝宽度越大，粗糙系数越小，则裂缝的深度越大。

2.4.2　孔隙水压力对岩石的劈裂破坏作用

孔隙水在岩石裂隙内的渗流，不但冲刷裂隙中的充填物，造成裂隙宽度增大，而且对岩石产生破坏作用，影响岩石的稳定性，例如对岩石产生挤压破坏和对岩石中的裂隙产生扩展劈裂破坏[112-113]。

以单一裂隙为研究对象，在裂隙的内侧作用有孔隙水压力 p，裂隙远处作用着围岩应力 σ，假设裂隙长度为 $2l$，如图 2-2 所示。

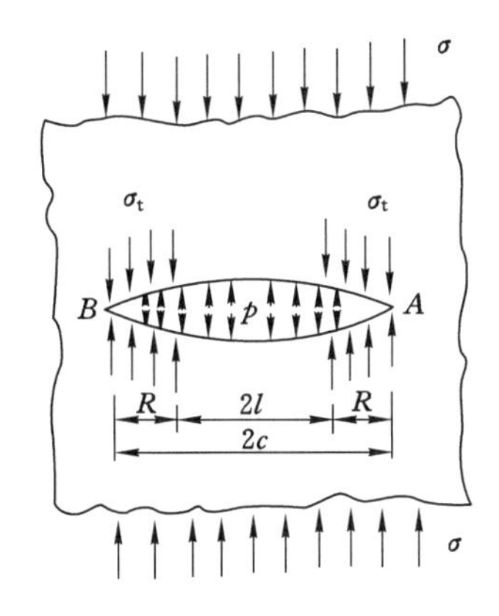

图 2-2　水压力作用下的裂隙模型

作用于裂隙中的孔隙水压力使裂隙尖端发生扩展，而在扩展区上、下两裂纹面都形成均匀屈服应力 σ_t，使扩展区上、下两面闭合。在均匀应力 $p-\sigma$ 和屈服区应力 $-\sigma_t$ 的作用下，裂隙尖端（$\pm c$ 处）的应力不可能为无限大，即应力无奇异性，则该点的应力强度因子必为 0。据此条件可以求出屈服区的宽度 R 为：

$$R = c - l \tag{2-12}$$

裂隙尖端任意一点（A 点或 B 点）的 K_{I} 由两部分组成：

① 均匀水压及围岩应力引起的 K_{I1} 值，则由线弹性断裂力学可得：

$$K_{\mathrm{I1}} = (p - \sigma)\sqrt{\pi c} \tag{2-13}$$

② 在 R 上分布的力 $-\sigma_t$ 引起的 K_{I2}：

$$K_{\mathrm{I2}} = \int_l^c \frac{-2c\sigma_t}{\sqrt{\pi c}\sqrt{c^2 - b^2}}\mathrm{d}b \tag{2-14}$$

积分后得：

$$K_{\mathrm{I2}} = -2\sqrt{\frac{c}{\pi}}\sigma_t \arccos\frac{l}{c}$$

则裂隙尖端总的应力强度因子为：

$$K_{\mathrm{I}} = K_{\mathrm{I1}} + K_{\mathrm{I2}} = (p - \sigma)\sqrt{\pi c} - 2\sqrt{\frac{c}{\pi}}\sigma_t \arccos\frac{l}{c} \tag{2-15}$$

由于屈服区端部 A 点和 B 点应力无奇异性，则 $K_{\mathrm{I}}=0$，所以：

$$(p-\sigma)\sqrt{\pi c}-2\sqrt{\frac{c}{\pi}}\sigma_t\arccos\frac{l}{c}=0$$

解得：

$$\frac{l}{c}=\cos\frac{\pi(p-\sigma)}{2\sigma_t} \tag{2-16}$$

所以水压作用下裂隙两端劈裂区的长度分别为：

$$\begin{cases} R_{左}=c-l=l\left(\dfrac{c}{l}-1\right) \\ R_{右}=l\left[\sec\dfrac{\pi(p\pm\sigma)}{2\sigma_t}-1\right] \end{cases} \tag{2-17}$$

式中 l——裂隙长度；

σ_t——岩石抗拉强度；

σ——围岩应力(拉应力时为正,压应力时为负)。

从式(2-17)可以看出:孔隙水压力造成的裂隙劈裂长度随着裂隙长度的增大而线性增大,随着水压力的增大而增大。当围岩处于受拉状态时,有利于裂隙的扩展,而当围岩处于受压状态时,水压力必须克服围岩应力和岩石强度后,裂隙才能扩展破裂。煤层采动后,上覆岩体受力状态由受压变为受拉,岩石内裂隙扩展,形成采动裂隙,渗透性提高。当覆岩稳定后,岩石恢复为受压状态,裂隙闭合,岩石渗透性降低。

2.4.3 孔隙水压力对岩石弹性模量的影响

弹性模量的测试结果表明:在单轴试验条件下,弹性模量取决于孔隙水压力,并随着孔隙水压力的增大线性衰减,而有围压时弹性模量衰减变缓。实际上,弹性模量与孔隙水压力和围压都有关系。通常弹性模量与孔隙水压力之间的变化关系不遵循线性衰减规律。但是孔隙水压力不高时,可用线性规律来描述弹性模量与孔隙水压力之间的关系。弹性模量与孔隙水压力之间的关系式为(图 2-3)：

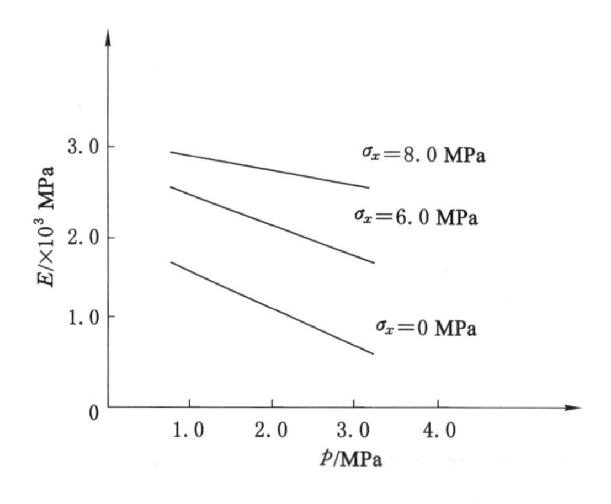

图 2-3 弹性模量与孔隙水压力之间的关系曲线

$$E=a_0-b_0p \tag{2-18}$$

式中 E——弹性模量,MPa；

p——孔隙水压力，MPa；

a_0，b_0——试验回归系数。

2.4.4 孔隙水压力对岩石变形特性的影响

孔隙水压力对岩石力学响应的影响是由于游离流体产生的孔隙水压力起到了与围压相反的力学作用，以及吸附流体对岩石的物理作用。如果流体的化学性质活泼，还会有化学作用的影响。R. W. Lewis 等[114-115]试验研究了孔隙水压力对石英岩、砂岩及页岩的力学响应的影响，如图 2-4 所示。

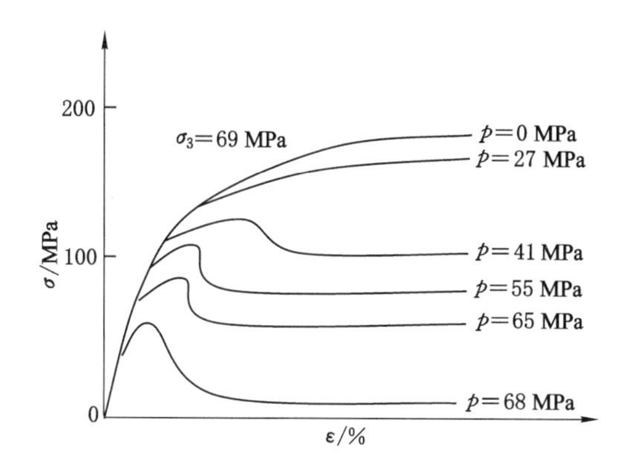

图 2-4 石英岩中孔隙水压力影响下的应力-应变关系曲线

在围压作用下，岩石强度随着孔隙水压力的下降而增大。当孔隙水压力为 0 且在围压作用下，岩石的强度增大，而且将出现应变硬化阶段。当孔隙水压力与围压相等时，岩石变形性质等同于单轴压缩情况下的变形特征。通常岩石中孔隙水压力较小，一般都小于围压，所以力学响应曲线往往在上述两种情况之间。

2.4.5 孔隙水压力对岩石强度的影响

如图 2-5 所示，孔隙水压力的发展引起页岩强度的降低。其中，曲线①反映了孔隙水压力的发展情况，曲线②、③分别反映不排水条件下和排水条件下偏应力 $\sigma_1-\sigma_3$ 变化情况。由图可见：在三轴排水压缩试验条件下，岩石所承受的偏应力 $\sigma_1-\sigma_3$ 与轴应变 ε_1 关系曲线（曲线③）出现峰值，说明岩石在变形过程中存在峰值强度，而且破坏后承载力逐渐降低，残余强度远小于峰值强度。由三轴不排水压缩试验曲线可知：由于孔隙水压力持续增大，使峰值偏应力 $\sigma_1-\sigma_3$ 大幅降低；当偏应力 $\sigma_1-\sigma_3$ 上升到一定值后趋于稳定，因此岩石所承受的偏应力 $\sigma_1-\sigma_3$ 与轴向应变 ε_1 关系曲线（曲线②）较为平缓，破坏后的残余强度与峰值强度相等。

相关研究表明：如果岩体中存在连通的孔隙系统，那么太沙基有效应力定律同样适用，则有：

$$\sigma' = \sigma - p \tag{2-19}$$

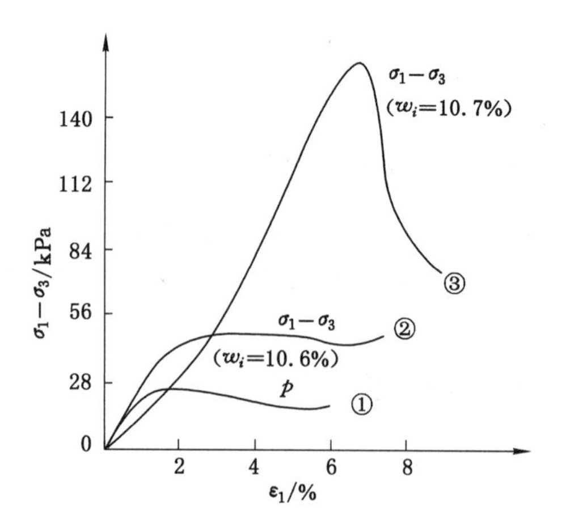

ε_1—轴向应变；$\sigma_1-\sigma_3$—偏应力；p—孔隙水压力；w_i—初始含水率。

图 2-5　饱水页岩三轴压缩试验曲线

式中　σ——总应力；

σ'——有效应力；

p——孔隙水压力(此处为正应力)。

考虑孔隙水压力 p 作用，根据莫尔-库仑强度准则，可以重新写出饱水岩石抗剪强度表达式：

$$\tau_f = \sigma' \tan \varphi + C = (\sigma - p) \tan \varphi + C \tag{2-20}$$

式中　τ_f——饱水岩石抗剪强度；

φ, C——岩石内摩擦角及凝聚力。

由式(2-20)可以看出：岩石中孔隙水压力 p 使其强度降低，强度降低幅度取决于孔隙水压力 p。为了在用主应力表示的岩石莫尔-库仑强度准则中考虑孔隙水压力 p 的影响，采用有效主应力 $\sigma'_1=\sigma_1-p$，$\sigma'_3=\sigma_3-p$ 来代替 $\sigma_1=\sigma_3 N_\varphi+R_c$ 中主应力 σ_1 及 σ_3，即

$$\sigma'_1 = \sigma'_3 N_\varphi + R_c \tag{2-21}$$

$$\sigma_1 - p = (\sigma_3 - p) N_\varphi + R_c \tag{2-22}$$

$$\sigma_1 - \sigma_3 = (\sigma_3 - p)(N_\varphi - 1) + R_c \tag{2-23}$$

式中，

$$\begin{cases} N_\varphi = \cot^2\left(45° - \dfrac{\varphi}{2}\right) \\ R_c = 2C\cot\left(45° - \dfrac{\varphi}{2}\right) \end{cases}$$

由式(2-23)可以进一步解出岩石从初始作用应力 σ_1 及 σ_3 达到破坏时所需要的孔隙水压力：

$$p = \sigma_3 - \frac{(\sigma_1 - \sigma_3) - R_c}{N_\varphi - 1} \tag{2-24}$$

式(2-24)的物理意义如图 2-6 所示。由图 2-6 可以看出孔隙水压力 p 对岩石强度

的影响，圆 O_1 表示 $\sigma_1=500$ MPa、$\sigma_3=200$ MPa、$p=0$ MPa 时的总应力莫尔圆，位于莫尔强度包络线 L 右侧，故岩石处于稳定状态；当孔隙水压力 p 增大时，应力莫尔圆便向左移动直至与莫尔强度包络线 L 相切，即圆 O_2，此时孔隙水压力 $p=50$ MPa，岩石破坏，圆 O_2 为 $\sigma'_1=450\ MPa$、$\sigma'_3=150\ MPa$、$\mathrm{p}=50\ MPa$ 时的有效应力莫尔圆。

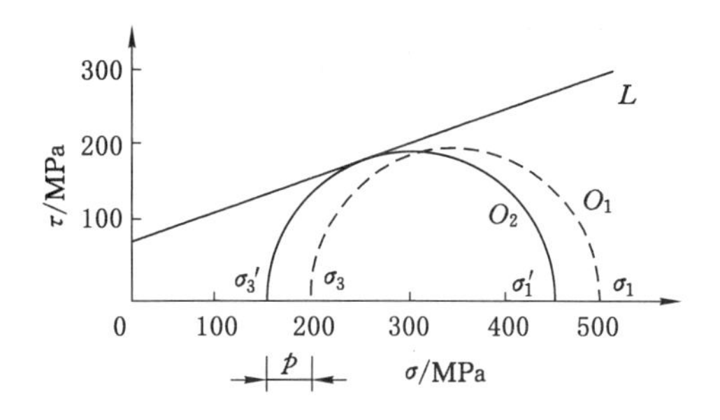

L—莫尔强度包络线；O_1—总应力莫尔圆；O_2—有效应力莫尔圆。

图 2-6　孔隙水压力对岩石强度的影响

3 水岩耦合作用对软岩力学性能影响的试验研究

3.1 引言

岩石力学性能的实验室试验研究是进行岩土工程设计和工程稳定性研究的基础。本书对水作用下软岩的瞬时变形和蠕变规律进行实验室试验。试验研究内容主要包括:软岩浸水后形态宏观描述;软岩在不同浸水阶段的强度变化规律;软岩含水率和孔隙水压力对其力学性能的影响规律;水对软岩蠕变规律的影响等。

3.2 水岩耦合作用对软岩力学性能影响试验研究

3.2.1 浸水软岩结构特征

由于岩石组成成分的差异,软岩浸水后体现出不同特征,图 3-1、图 3-2 和图 3-3(c)、图 3-3(d)为软岩浸水后的宏观效果。可见软岩浸水后会出现泥化、碎裂和强度弱化三种结果。因为软岩试样浸水后的泥化、崩解速度比较快,所以在软岩水化试验中将软岩试件的浸水时间设置为 3 h、6 h 和 9 h。

3.2.2 水对软岩力学性能影响试验

岩石浸水后其强度和弹性参数必然受到一定程度的影响,随着含水率的增大,其强度等参数的变化具有一定的规律性。本章进行了不同含水率时岩石抗压强度和弹性模量测试,部分试件和试验过程如图 3-3 所示,试样参数见表 3-1。软岩试样浸水后效果表明:碳质泥岩试样泥化程度较深,浸水后逐步泥化,其完全失去了力学性能;砂质泥岩没有发生泥化,其强度变化规律将通过试验获得。

3.2.2.1 水对软岩单轴抗压强度的影响

本书对泥化软岩进行了浸水单轴抗压强度测试,浸水时间间隔为 3 h,即分为自然状态、浸水 3 h、浸水 6 h 和浸水 9 h,测试结果如表 3-1 和图 3-4 所示。

并以试样 2 数据为参考进行了函数拟合,如图 3-5 所示。红庙煤矿此类型软岩试件水化后的强度拟合方程为:

(a) 0 h　(b) 4 h　(c) 12 h　(d) 24 h

图 3-1　试样浸水宏观效果 1

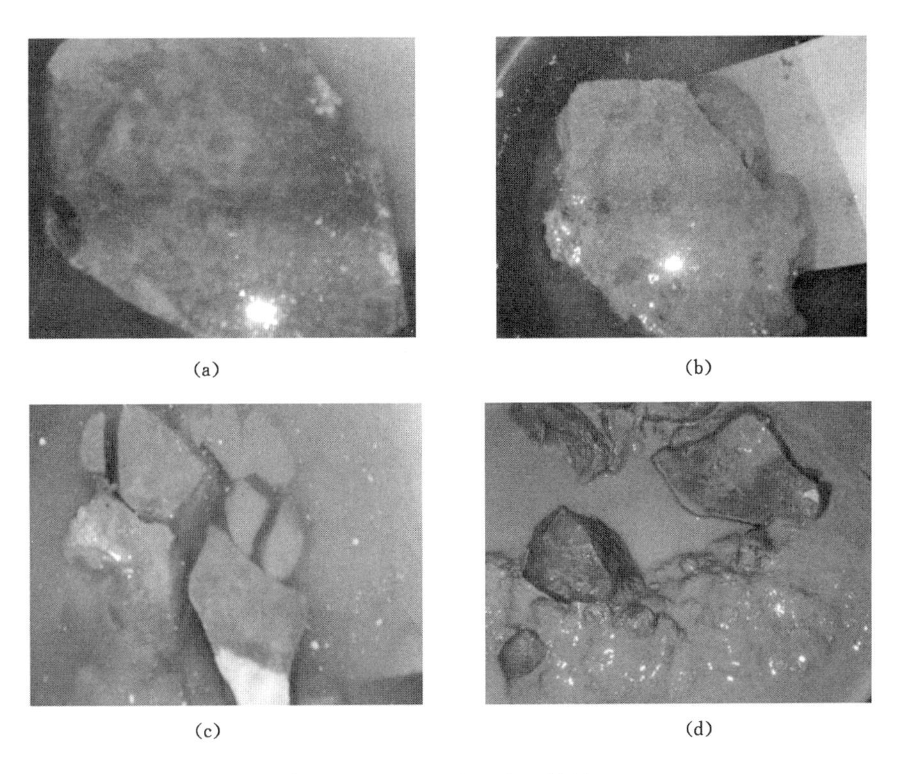

(a)　(b)　(c)　(d)

图 3-2　试样浸水后宏观效果 2

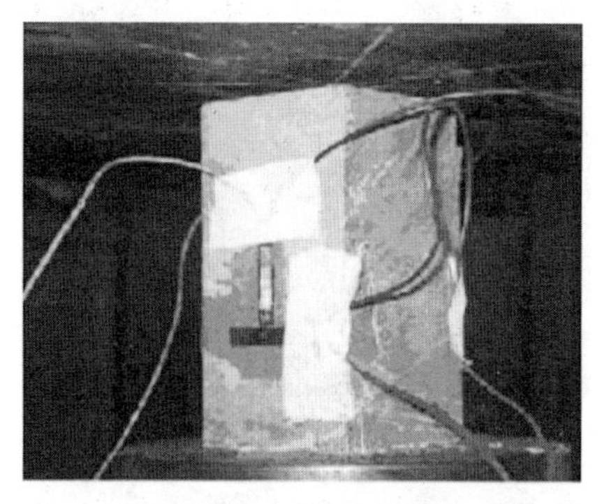

(a) 弹性模量测试

(b) 单轴抗压强度测试

(c) 浸水试件

(d) 水化后试件

图 3-3　水化试验部分图片

表 3-1　碳质泥岩浸水试件单轴抗压强度　　单位:MPa

试样编号	自然状态	浸水 3 h	浸水 6 h	浸水 9 h
试样 1	10.61	8.15	5.77	4.15
试样 2	13.34	3.87	1.515	1.54
试样 3	11.57	4.36	3.34	3.39

$$\sigma_t = \sigma_0 e^{at} \tag{3-1}$$

式中　σ_t——试样浸水 t 时刻的抗压强度;

σ_0——自然状态下试样的抗压强度;

a——材料常数。

对不同浸水时间后的砂质泥岩进行了单轴抗压强度测试,测试结果如表 3-2 和图 3-6 所示,并以试样 3 数据为参考进行了函数拟合,如图 3-7 所示。

碳质泥岩单轴抗压强度衰减拟合方程为:$\sigma_t = \sigma_0 \exp(-0.368\ 43t)$,砂质泥岩单轴抗压强度的衰减拟合方程为:$\sigma_t = \sigma_0 \exp(-0.064\ 03t)$,式中,$\sigma_t$ 为浸水时间为 t 时试件的抗压强度,σ_0 为干燥状态试件抗压强度,t 为试件的浸水时间。

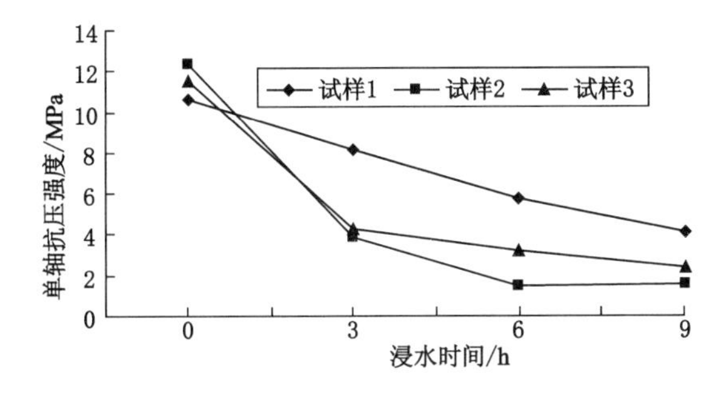

图 3-4　碳质泥岩单轴抗压强度变化曲线

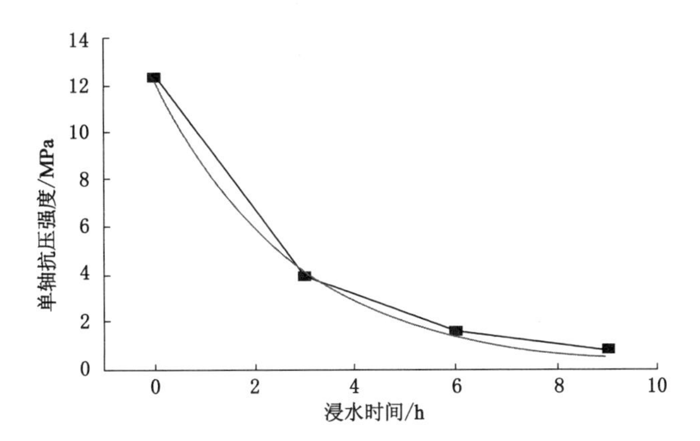

图 3-5　碳质泥岩单轴抗压强度衰减拟合曲线(试样 2)

表 3-2　砂质泥岩浸水试件单轴抗压强度　　单位:MPa

试样编号	自然状态	浸水 3 h	浸水 6 h	浸水 9 h
试样 4	13.74	7.31	4.38	3.36
试样 5	14.65	11.96	9.79	8.34

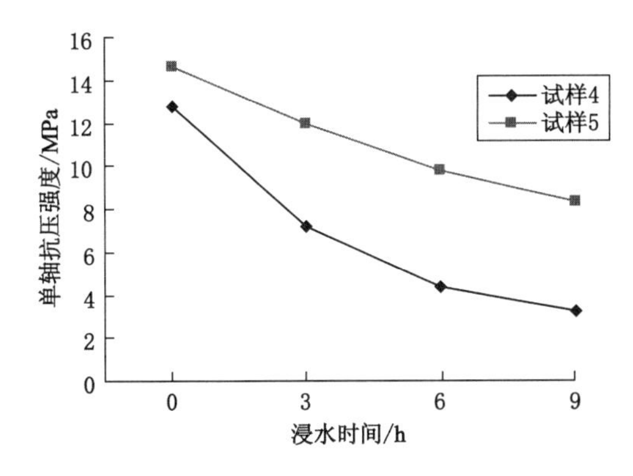

图 3-6　砂质泥岩单轴抗压强度变化曲线

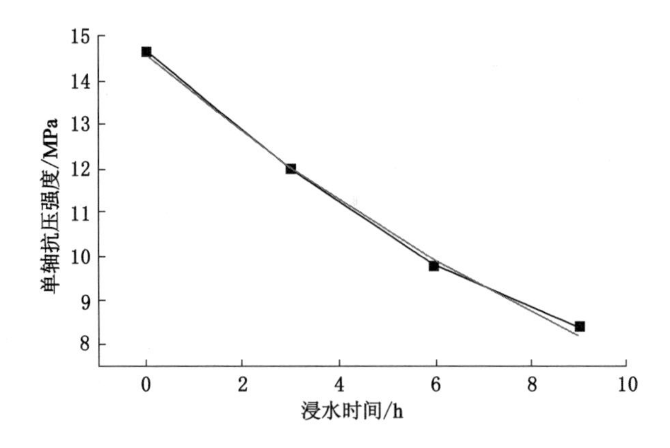

图 3-7 砂质泥岩单轴抗压强度衰减拟合曲线(试样 5)

3.2.2.2 水对软岩弹性模量的影响

本书对含水软岩弹性模量的变化进行了试验分析,试验数据见表 3-3,拟合结果如图 3-8 所示。

表 3-3 含水试样弹性模量测试结果

含水率/%	0	3.58	3.67	4.69	5.36	7.45	8.47	9.9	13
弹性模量/MPa	208	173	164	159	137	136	97	105	84

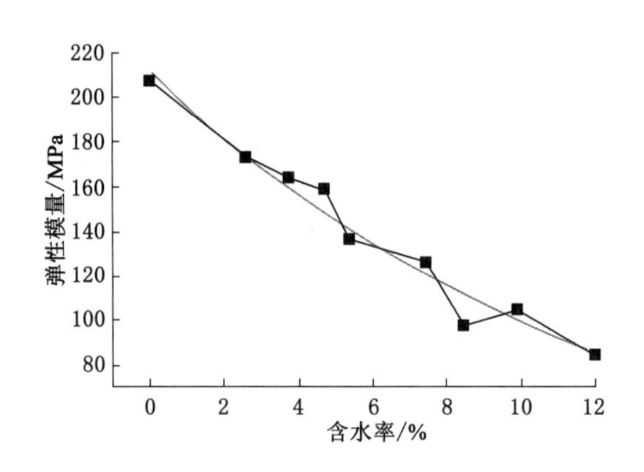

图 3-8 弹性模量衰减拟合曲线

设:

$$E_w = E_0 e^{-aw} \tag{3-2}$$

式中 E_w——试样含水率为 w 时的弹性模量;

E_0——试样含水率为 0 时的弹性模量;

a——材料常数;

w——含水率。

如图 3-8 所示,含水软岩弹性模量变化规律拟合方程为:

$$E_w = 211.478\,43e^{-0.075\,42w} \tag{3-3}$$

3.2.2.3 水对软岩全程应力-应变关系曲线的影响

不同浸水时间时的软岩应力-应变关系曲线如图 3-9 所示，可以看出：

① 开始有初始压密段，随着浸水时间的延长，该段有加长的趋势。这表明：浸润时间的增加，使岩石中胶结物充分溶解，形成了较大的孔隙，使岩石试件在进入弹性阶段之前有越来越长的压密过程。

② 弹性阶段相应变短。随着浸润时间的延长，应力-应变关系曲线上出现了明显的屈服段，且其长度有增长的趋势。观察试验过程可知：浸润时间越长的岩样，开始出现裂纹到完全破坏的时间越长。未浸润的岩样从裂纹开始出现至破坏几乎是瞬间发生。

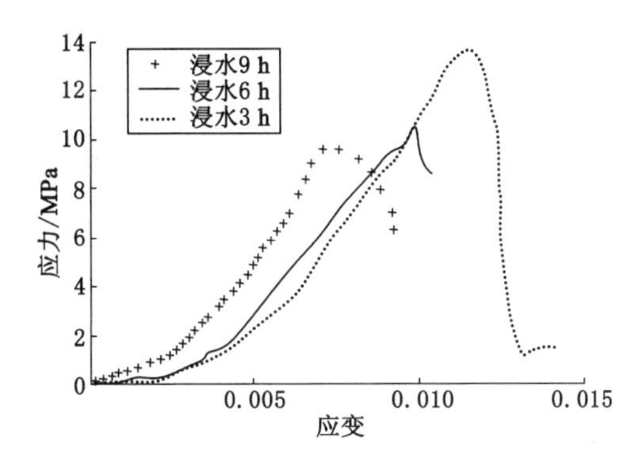

图 3-9 浸水不同时间时试样的应力-应变关系曲线

由试验过程可以看到：未浸润岩样加载到岩样的峰值强度的 70%～80%时，岩石表面出现平行压应力方向的裂纹。随着外荷载的增大，裂纹进一步偏向压应力方向扩展，接着岩样周边有片落发生，破坏过程伴随有较大的能量释放，加载结束时有巨大声响，在一侧有小块崩落。浸润 9 h 后，岩样加载时发生缓慢变形，加载一段时间后始见可见裂纹，裂纹仍然平行压应力方向，最后以中部膨胀的形式张裂破坏，破坏时声响较小。

由前文可知孔隙水压力对软岩力学性能的影响规律与含水状态对软岩力学性能的影响规律基本一致。

3.3 水对软岩蠕变性能影响试验及流变模型参数识别

3.3.1 试验装置和试验方法

SJ-1B 三轴仪由试验机、三轴压力测控装置、三轴压力室组成，如图 3-10 所示，主要技术指标如下：

(1) 试样尺寸：ϕ39.1 mm×80 mm。

(2) 周围压力:0～1.6 MPa。

(3) 最大轴向工作压力:10 kN。

(4) 孔隙水压力:0～1.6 MPa。

(5) 轴升速度:5 挡。

(6) 最大轴向移位:0～100 mm。

(7) 试样竖向变形:0～30 mm,最小读数 0.01 mm。

蠕变试验采用单级加载。试验内容包括含水率对软岩蠕变的影响和孔隙水压力对软岩蠕变的影响。蠕变试验取每组 3～5 块试件(图 3-11),在蠕变试验之前先进行同一类型软岩岩样的单轴抗压强度试验,获取岩石的瞬时抗压强度,并以此作为估算施加荷载的依据。

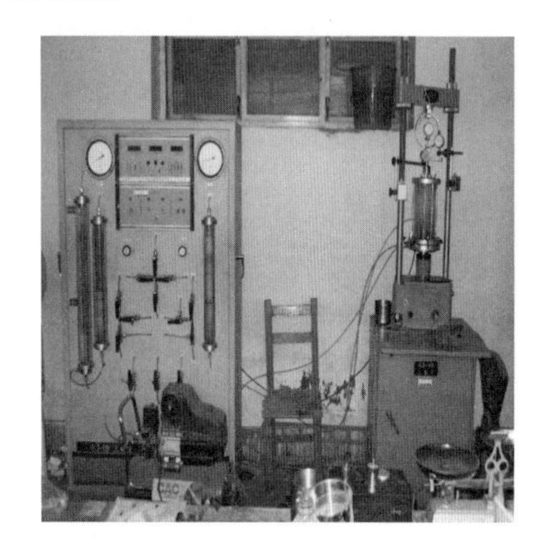

图 3-10　蠕变试验仪器

图 3-11　含孔隙水与不含孔隙水的试件

3.3.2　试验步骤

(1) 首先将试件包裹在乳胶套内,以便将试件与围压水隔开;

(2) 将试件放入压力室,注入水,合上围压缸盖,拧紧螺栓,密封围压缸与缸盖;

(3) 通过压力控制箱向压力室注水,排净围压缸内空气后关闭排气孔;

(4) 通过对活塞施加压力(图 3-12),使压头与试件充分接触;

(5) 安装千分表、百分表(图 3-13);

(6) 施加围压至所需压力值(图 3-14);

(7) 施加孔隙水压力至所需压力值;

(8) 施加轴向压力至设定值,同时对百分表、千分表调零;

(9) 观察、记录试件的蠕变变形量。

在试验过程中保持轴压、围压和孔隙水压力的恒定。

3.3.3　试验结果分析

蠕变试验采用泥岩为试验样本,试验包括两个主要部分,即含水率对软岩蠕变的影

图 3-12　施加初始应力

图 3-13　安装位移表

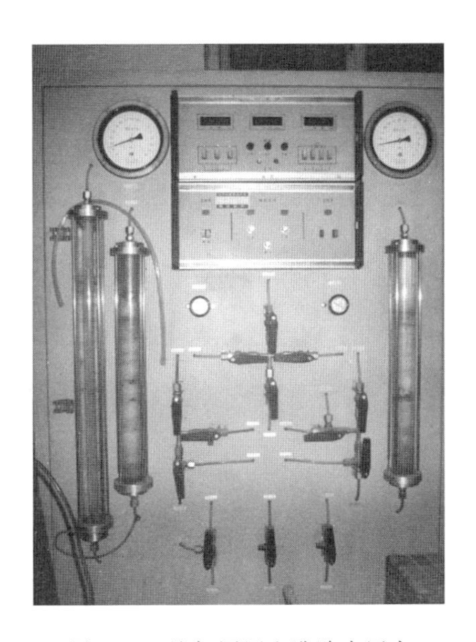

图 3-14　施加围压和孔隙水压力

响和孔隙水压力对软岩蠕变的影响。在进行含水率对软岩蠕变的影响试验中，采用轴压 4 MPa 单级加载，岩石样本分为自然含水状态、非饱和含水状态和饱和含水状态，这里的非饱和状态岩石样本自然浸水 8 h，饱和含水状态岩石样本强制浸水 24 h。图 3-15 为真空饱和装置，含水率第 1 组试件（HSL1）试验曲线如图 3-16 所示，含水率第 2 组试件（HSL2）试验曲线如图 3-17 所示。

孔隙水压力对软岩蠕变影响试验分两种情况进行：① 保持孔隙水压力和围压不变，通过改变轴向应力调整应力水平；② 保持轴压和围压不变，改变孔隙水压力对软岩进行蠕变测试。试验测试曲线如图 3-18 和图 3-19 所示。

图 3-15　岩样饱水装置

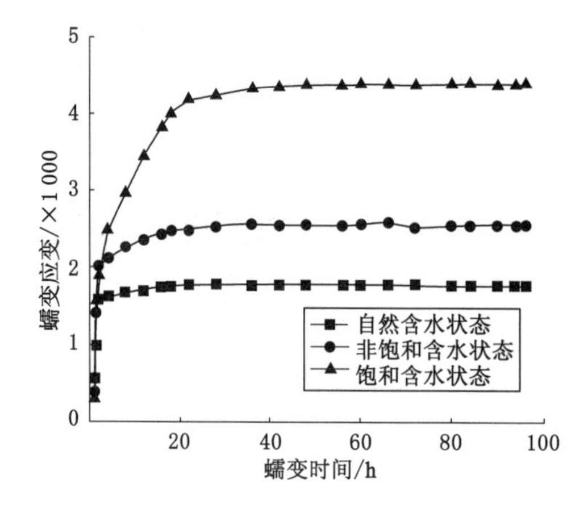

图 3-16　HSL1 软岩蠕变应变曲线

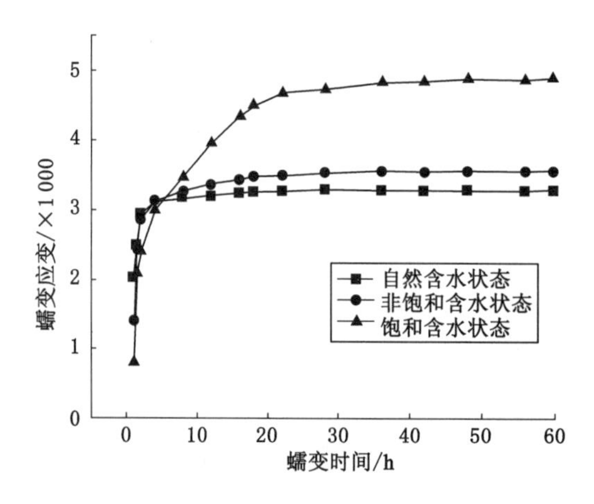

图 3-17　HSL2 软岩蠕变应变曲线

由以上试验结果得出如下结论：

(1) 在对软岩试件加载瞬间，试件产生瞬时变形，其量值随着应力水平的提高而增大，多数情况下瞬时应变在总变形中占主要部分。

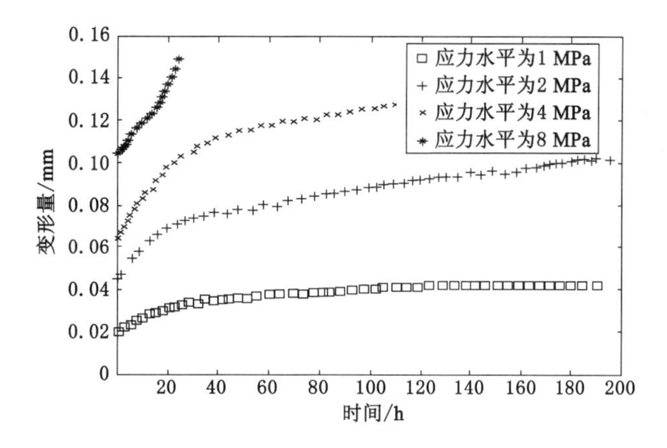

图 3-18　不同应力水平时软岩蠕变曲线

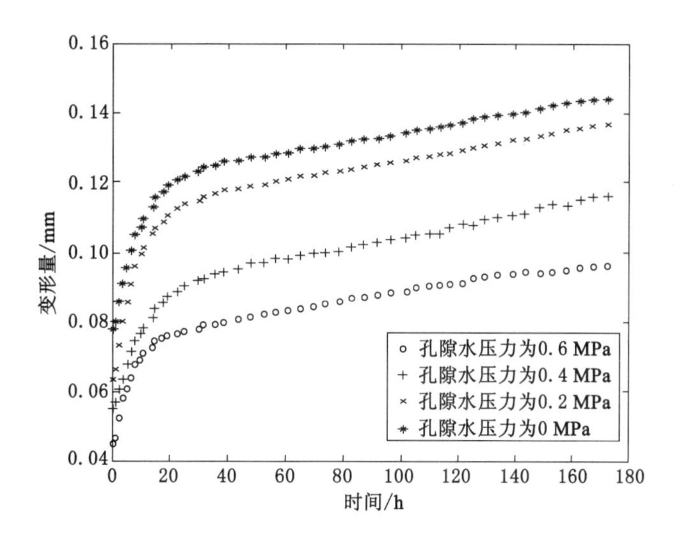

图 3-19　不同孔隙水压力时的软岩蠕变曲线

(2) 在软岩蠕变试验过程中发现：软岩蠕变没有呈现明显的初始蠕变强度，即在较低的应力水平作用下就会产生蠕变；各试件的变形历时曲线在低应力水平作用下均有衰减蠕变阶段（第一阶段蠕变）；在中等应力水平作用下出现稳定流动阶段（第二阶段蠕变），属于亚稳定型蠕变；在高应力水平作用下，蠕变历时曲线几乎不存在第二阶段蠕变，直接进入加速蠕变阶段，直至破坏。

(3) 如图 3-16 和图 3-17 所示，含水率对软岩蠕变具有重要的影响。

① 含水率降低了岩石的初始蠕变强度。由于水降低了岩石的强度，同时水的润滑和溶蚀作用进一步破坏了岩石结构，使得岩石结构内部缺陷增加，在较低的荷载作用下，结晶材料内部空位或杂质的扩散就可以发生，即降低了岩石的初始蠕变强度。

② 含水率增加了极限蠕变变形量。对于第一种衰减蠕变，由于水的润滑和溶蚀作用，进一步破坏了岩石结构，使得岩石结构的内部缺陷增加，在相同的外荷载作用下，有更多的空位、位错或杂质分子扩散，产生更大的蠕变变形；对于第二种衰减蠕变，由于含

水率较高的岩石在较低的应力作用下进入第二种衰减蠕变，而且在相同的蠕变变形下含水率较高的岩石中的承载能力低的微元体承载能力会下降到更低值，而且由于水的存在，使得实际荷载比表观荷载更大，因此，在相同的外应力作用下，含水率较高的岩石会发生更大的极限蠕变变形。

(4) 如图 3-18 和图 3-19 所示，孔隙水压力对软岩的蠕变影响显著。随着孔隙水压力的增大，蠕变应变量逐渐减小。孔隙水压力致使有效应力下降，施加在多孔介质骨架上的实际压力变小，因此蠕变变形量也随之减小，即孔隙水压力越大，蠕变曲线越低[147-148]。

图 3-20 是蠕变终止轨迹线。蠕变终止轨迹线是指在不同应力水平作用下蠕变终止点的连线，称为衰减蠕变过程。变形 $\varepsilon(t)$ 减速发展，速度最后趋于 0，$d\varepsilon/dt \to 0$，这是事先通过大量试验获得的。当试件加载到一定应力水平之后，应力保持恒定，试件发生蠕变。在适当的应力水平作用下，蠕变发展到一定程度时岩石试件处于稳定状态[75]。如果应力水平在图中 H 点以下时，保持应力恒定，试件不会发生蠕变；当应力水平达到 E 点时，试件存在蠕变，蠕变应变发展到 F 点与蠕变终止轨迹线相交，蠕变停止。G 点是致使试件蠕变破坏的应力水平临界点，应力水平保持在 G 点以下，蠕变变形发展到最后和蠕变终止轨迹线相交，蠕变停止，岩石试件不会破坏。如果应力水平在 G 点保持恒定，则蠕变应变发展到最后就和全应力-应变关系曲线的峰后曲线相交，此时试件破坏。如果应力水平在 G 点之上，岩石试件发生非衰减蠕变，岩石中的应变随时间逐渐增长，并不趋于某一稳定值，最后与全应力-应变关系曲线中的峰后破坏曲线相交。应力水平越高，从发生蠕变到破坏的时间就越短。例如从 C 点开始蠕变，到 D 点破坏；从 A 点开始蠕变，到 B 点破坏。

图 3-21 为不同孔隙水压力作用下岩石试件蠕变终止轨迹线，从中可以看到孔隙水压力对岩石蠕变的影响，而且试件蠕变性状也发生了变化。图中上方的蠕变曲线对应的孔隙水压力为 p_1，下方蠕变曲线对应的孔隙水压力为 p_2，且 $p_1 < p_2$。当应力水平较低时(例如 $\sigma_1 = E$)，岩石处于衰减蠕变阶段，孔隙水压力高的岩石发生的蠕变变形更大；应力水平处于 G_1 和 G_2 之间时，例如 $\sigma_1 = M$，孔隙水压力高的岩石将发生非衰减蠕变，直至破坏，孔

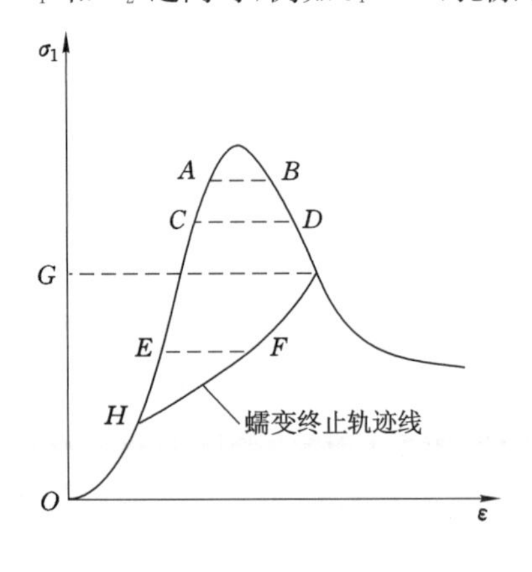

图 3-20　蠕变终止轨迹线

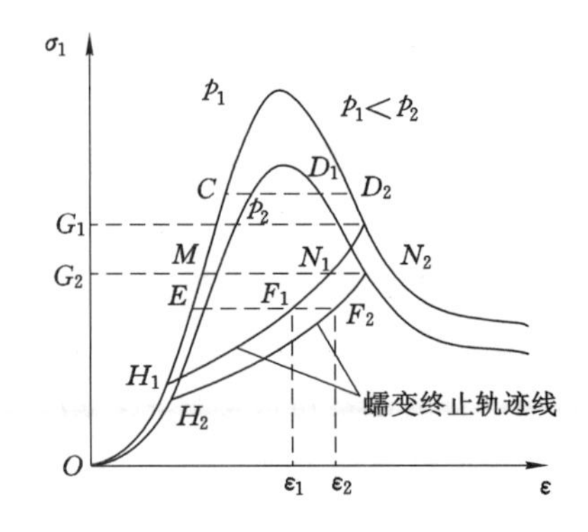

图 3-21　不同孔隙水压力下蠕变终止轨迹线

隙水压力低的岩石蠕变发展到最后和蠕变终止轨迹线相交，蠕变停止（衰减蠕变阶段），试件不发生破坏；如果应力水平高于 G_1，例如当 $\sigma_1 = C$，此时岩石处于非衰减蠕变阶段，最后将与全应力-应变曲线的峰后破坏曲线相交。但孔隙水压力高的岩石比孔隙水压力低的岩石先破坏。由此可以看出孔隙水压力是影响蠕变的重要因素。

3.4 软岩蠕变模型及其参数识别

3.4.1 岩石流变模型研究

为了从理论上对岩石的流变规律进行研究，一般采用试验研究和模型研究相结合的方式，其研究思路是：首先通过试验测试得出岩石的流变变形曲线，然后通过流变元件构建一个组合模型，要求该模型的变形曲线与岩石流变试验曲线相符，从而依靠此模型从理论上研究岩石的流变规律和特征。

通常把岩石材料抽象成由一系列的弹簧、阻尼器及滑块等组成的单元系统，不同组合代表不同属性岩石的流变特性，以简化不同类型岩石的流变数值模型和计算其变形量，这种方法称为流变模型法，是研究流变性的重要方法。

流变模型是由一些基本元件组成的，各种基本元件各具其自身的特性。根据试验资料，通常可以直观地大致判断所涉及基本元件及其组合形式。

3.4.1.1 基本元件

流变模型的基本元件包括以下几种。

① 胡克体（H 体）[图 3-22(a)]

代表元件为弹簧，其特点是：应力与应变成正比且有瞬时应变，即

$$\sigma = K\varepsilon \tag{3-4}$$

式中 σ——应力；

ε——应变；

K——弹性常数。

② 牛顿体（N 体）[图 3-22(b)]

代表元件为黏壶，其特点是：应力与应变率成正比且无瞬时应变，即

$$\sigma = \eta \dot{\varepsilon} \tag{3-5}$$

式中 η——黏性系数；

$\dot{\varepsilon}$——应变率，$\dot{\varepsilon} = \frac{d\varepsilon}{dt}$。

③ 尤可利体（Eu 体）[图 3-22(c)]

代表元件为刚杆，其特点是：无论受力状态如何应变恒等于 0，即

$$\varepsilon = 0$$

④ 圣维南体（StV 体）[图 3-22(d)]

代表元件为滑片，其特点是：当应力低于某临界值时，应变为 0；当应力高于该临界

值时，元件应力值恒等于该临界值，且其应变等于与其并联的元件的应变，即

$$\begin{cases} \varepsilon = 0 & (\sigma < f) \\ \sigma = f & (\sigma \geqslant f) \end{cases} \tag{3-6}$$

3.4.1.2 基本二元件模型

(1) 马克斯韦尔体(M体)

马克斯韦尔体为胡克体与牛顿体串联而成的二元体(图 3-23)。其特点是各元件的应力相等，总应变等于各元件应变之和，即

$$\sigma = \sigma_1 = \sigma_2 \tag{3-7a}$$

$$\varepsilon = \varepsilon_1 + \varepsilon_2 \tag{3-7b}$$

$$\varepsilon_1 = \frac{\sigma_1}{K} \tag{3-7c}$$

$$\dot{\varepsilon}_2 = \frac{\mathrm{d}\varepsilon_2}{\mathrm{d}t} = \frac{\sigma_2}{\eta} \tag{3-7d}$$

由式(3-7b)对 t 求导得：

$$\dot{\varepsilon} = \dot{\varepsilon}_1 + \dot{\varepsilon}_2 \tag{3-7e}$$

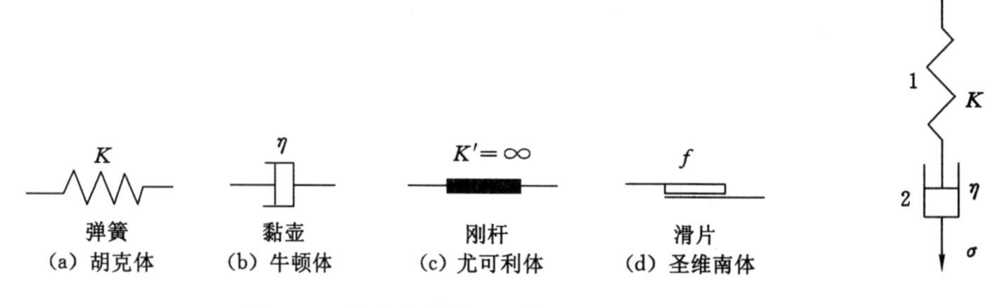

图 3-22 基本流变模型元件

图 3-23 马克斯韦尔体

由式(3-7c)对 t 求导得：

$$\dot{\varepsilon}_1 = \frac{\dot{\sigma}_1}{K} = \frac{\dot{\sigma}}{K} \tag{3-7f}$$

将式(3-7a)、式(3-7d)、式(3-7e)代入式(3-7f)得：

$$\dot{\varepsilon} = \frac{\dot{\sigma}}{K} + \frac{\sigma}{\eta} \tag{3-8}$$

此即马克斯韦尔体的本构方程。现就该本构方程来讨论模型的流变特性。

① 蠕变。

由本构方程[式(3-8)]得：

$$\dot{\varepsilon} = \frac{\sigma_0}{\eta}$$

解微分方程得：

$$\varepsilon = \frac{\sigma_0}{\eta}t + C$$

方程的条件为：

$$\begin{cases}\text{应力条件}:\sigma=\sigma_0=\text{常数}\\ \text{初始条件}:t=0,\varepsilon=\varepsilon_0=\dfrac{\sigma_0}{K}(\text{弹簧有瞬时应变})\end{cases}$$

代入初始条件，求得常数 $C=\dfrac{\sigma_0}{K}$，故马克斯韦尔体的蠕变方程为：

$$\varepsilon=\frac{\sigma_0}{\eta}t+\frac{\sigma_0}{K} \tag{3-9}$$

蠕变曲线如图 3-24(a)所示，可以看出该二元体有瞬时应变，且为线性蠕变。

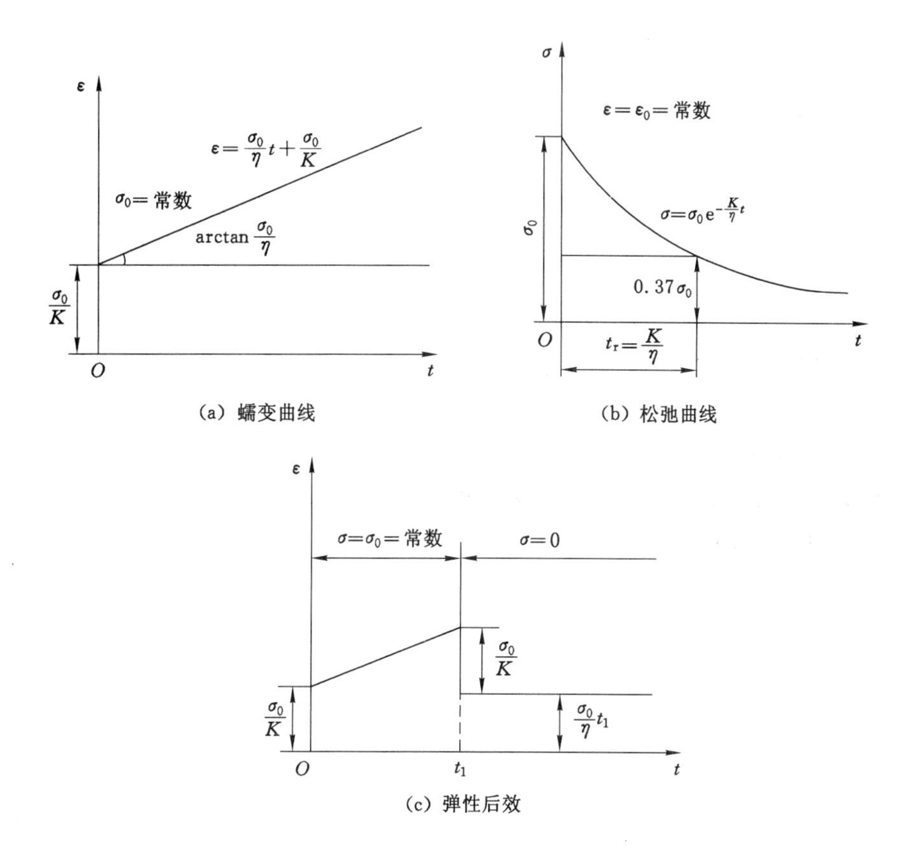

图 3-24　马克斯韦尔体的流变曲线

② 松弛。

由本构方程式(3-8)得 $\dot{\varepsilon}=\dot{\varepsilon}_0=\dfrac{\dot{\sigma}}{K}+\dfrac{\sigma}{\eta}$，为线性齐次方程，分离变量积分得：

$$\sigma=Ce^{-\frac{K}{\eta}t}$$

方程的给定条件为：

$$\begin{cases}\text{应变条件}:\varepsilon=\varepsilon_0=\dfrac{\sigma_0}{K}=\text{常数}\\ \text{初始条件}:t=0,\sigma=\sigma_0\end{cases}$$

由初始条件得 $C=\sigma_0$，得到 M 体的松弛方程为：

$$\sigma = \sigma_0 e^{-\frac{K}{\eta}t} \tag{3-10}$$

可以看出：当 $t \to \infty$ 时，$\sigma \to 0$。若规定应力下降为初始应力的 e 分之一所经历的时间为松弛时间 t_r，则 $t_r = \frac{\eta}{K}$。

由松弛方程可以得到 M 体的松弛曲线，如图 3-24(b)所示，可见 M 体有松弛现象。

③ 弹性后效与黏流。

加载至 t_1 后卸载，应力、应变条件为：

当 $t \leqslant t_1$ 时，$\sigma=\sigma_0=$常数，$\varepsilon_1=\frac{\sigma_0 t_1}{\eta}+\frac{\sigma_0}{K}$；

当 $t > t_1$ 时，$\sigma=0$，$\frac{\sigma_0}{K}=0$（弹簧应变瞬时恢复），但是 $\varepsilon_1=\frac{\sigma_0}{\eta}t_1 \neq 0$（黏壶变形不可恢复）。

由本构方程 $\dot{\varepsilon}=\frac{\dot{\sigma}}{K}+\frac{\sigma}{\eta}$ 可知 ε 必为常数，显然等于黏壶变形，即

$$\varepsilon = \frac{\sigma_0}{\eta} t_1 = \text{常数} \tag{3-11}$$

M 体弹性后效与黏性流动曲线如图 3-24(c)所示。可见 M 体无弹性后效，但是有黏性流动。

(2) 开尔文体(K 体)

开尔文体是由胡克体与牛顿体并联而成的二元体(图 3-25)。其特点是总应变等于各元件体应变，总应力等于各元件体应力之和，即

$$\varepsilon = \varepsilon_1 = \varepsilon_2 \tag{3-12a}$$

$$\sigma = \sigma_1 + \sigma_2 \tag{3-12b}$$

$$\sigma_1 = K\varepsilon_1 \tag{3-12c}$$

$$\sigma_2 = \eta\dot{\varepsilon}_2 \tag{3-12d}$$

图 3-25　开尔文体

将式(3-12a)、式(3-12c)、式(3-12d)代入式(3-12b)得：

$$\sigma = K\varepsilon + \eta\dot{\varepsilon} \tag{3-13}$$

此即 K 体的本构方程。

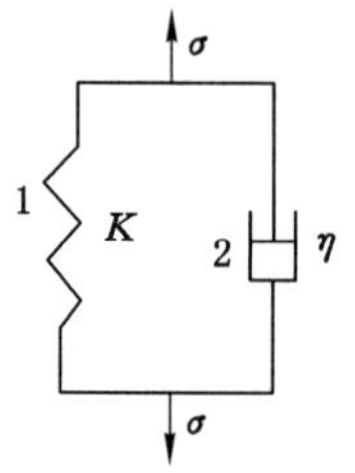

下面讨论开尔文体的流变特性。

① 蠕变。

方程的条件为：

$$\begin{cases} \text{应力条件：}\sigma=\sigma_0=\text{常数} \\ \text{初始条件：}t=0\text{ 时，}\varepsilon=0\text{（黏壶无瞬时应变）} \end{cases}$$

由本构方程式(3-13)可得 $\sigma=K\varepsilon+\eta\dot{\varepsilon}=\sigma_0$，此即非齐次线性方程，解得：

$$\varepsilon = \frac{\sigma_0}{K} + Ce^{-\frac{K}{\eta}t}$$

代入初始条件得 $C=-\dfrac{\sigma_0}{K}$，代入上式可得 K 体的蠕变方程：

$$\varepsilon=\frac{\sigma_0}{K}\left(1-e^{-\frac{K}{\eta}t}\right) \tag{3-14}$$

其蠕变曲线如图 3-26(a)所示。由图中曲线可以看出：$t=0$ 时，$\varepsilon=0$，无瞬时应变；当 $t\to\infty$ 时，$\varepsilon=\dfrac{\sigma_0}{K}$，最终最大值等于弹性元件的瞬时应变，相当于推迟弹性应变的出现。故 K 体又称为推迟模型，$t=\dfrac{\eta}{K}=t_d$，称为推迟时间，该时间的应变约等于瞬时应变的 63%。

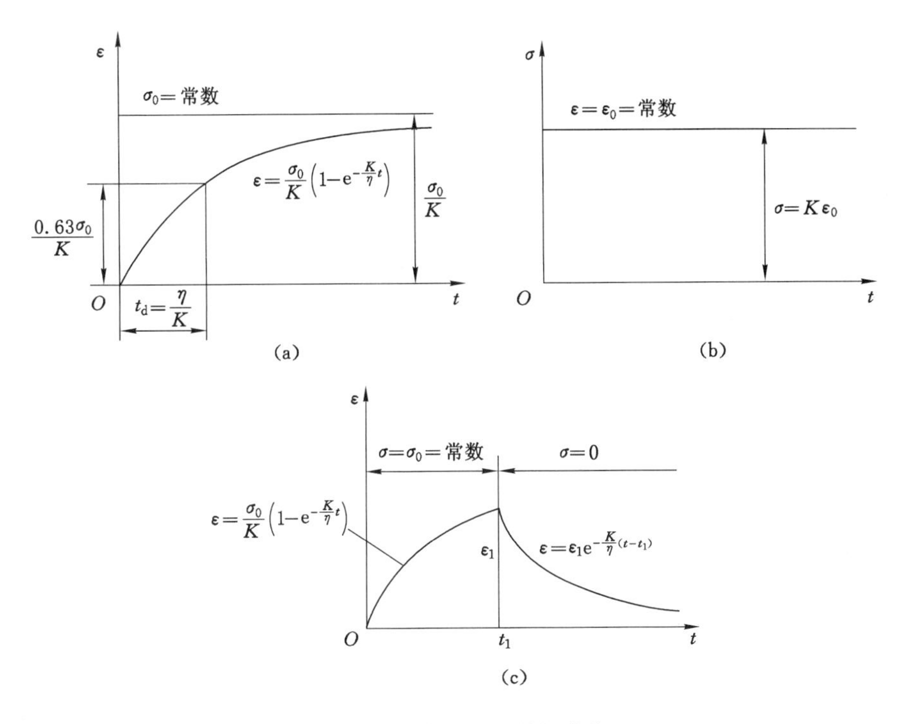

图 3-26　K 体的流变特性曲线

② 松弛。

方程的条件为：

$$\begin{cases}\text{应变条件}：\varepsilon=\varepsilon_0=\text{常数}\\ \text{初始条件}：t=0\text{ 时}，\sigma=\sigma_0\end{cases}$$

由本构方程式(3-13)可得 $\sigma=K\varepsilon+\eta\dot{\varepsilon}=K\varepsilon_0=$ 常数，与时间无关，故无松弛现象，如图 3-26(b)所示。

③ 弹性后效与黏性流动。

加载至 t_1 后卸载，应力、应变条件为：

当 $t\leqslant t_1$ 时，$\sigma=\sigma_0=$ 常数，$\varepsilon=\dfrac{\sigma_0}{K}\left(1-e^{-\frac{K}{\eta}t_1}\right)$。

当 $t>t_1$ 时，$\sigma=0$，由本构方程得：$\sigma=K\varepsilon+\eta\dot{\varepsilon}=0$，为线性齐次微分方程，解得：

$$\varepsilon = Ce^{-\frac{K}{\eta}t}$$

利用 $t=t_1$ 时 $\varepsilon=\varepsilon_1$，确定微分常数 $C=\varepsilon_1 e^{\frac{K}{\eta}t_1}$，得到弹性后效与黏性流动的方程：

$$\varepsilon = \varepsilon_1 e^{-\frac{K}{\eta}(t-t_1)} \tag{3-15}$$

其曲线如图 3-26(c)所示。从式(3-15)可以看出应变与时间有关，故有弹性后效；当 $t\to\infty$ 时，$\varepsilon\to 0$，故无黏性流动。

(3) 宾厄姆体(N|S_tV)

宾厄姆体是由牛顿体与圣维南体并联而成的二元体(图 3-27)。其特点是总应力等于各元件应力之和，总应变等于各元件体应变。

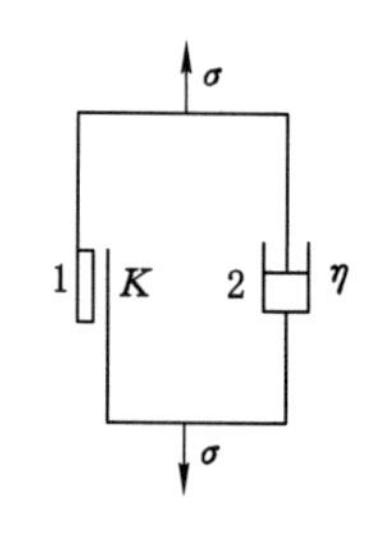

图 3-27　宾厄姆体

$$\varepsilon = \varepsilon_1 = \varepsilon_2 \tag{3-16a}$$

$$\sigma = \sigma_1 + \sigma_2 \tag{3-16b}$$

$$\sigma_1 = \eta\dot{\varepsilon}_1 \tag{3-16c}$$

$$\begin{cases}\varepsilon_2 = 0 & (\sigma_2 < f)\\ \varepsilon_2 = \varepsilon_1 & (\sigma_2 \geqslant f)\end{cases} \tag{3-16d}$$

由上面几个式子可解得宾厄姆体的本构方程为：

$$\begin{cases}\varepsilon = 0 & (\sigma_2 < f)\\ \sigma = \eta\dot{\varepsilon} + f & (\sigma_2 \geqslant f)\end{cases} \tag{3-17}$$

下面讨论宾厄姆体的流变特性。

① 蠕变。

应力条件：$\sigma=\sigma_0=$常数。

初始条件：$t=0$ 时，$\varepsilon=0$(无瞬时应变)。

当 $\sigma_2<f$ 时，$\varepsilon=0$，故无蠕变。

当 $\sigma_2\geqslant f$ 时，$\dot{\varepsilon}=\frac{\sigma-f}{\eta}=\frac{\sigma_0-f}{\eta}$，解此微分方程得：

$$\varepsilon = \frac{\sigma_0-f}{\eta}t + C$$

代入初始条件确定常数 $C=0$，故 $\varepsilon=\frac{\sigma_0-f}{\eta}t$，有蠕变。故宾厄姆体的蠕变方程为：

$$\begin{cases}\varepsilon = 0 & (\sigma_2 < f)\\ \varepsilon = \frac{\sigma_0-f}{\eta}t & (\sigma_2 \geqslant f)\end{cases} \tag{3-18}$$

蠕变曲线如图 3-28 左半部分所示。

② 松弛。

方程的条件为：

应变条件：$\varepsilon=\varepsilon_0=$常数。

初始条件：$t=0$ 时，$\sigma=\sigma_0$。

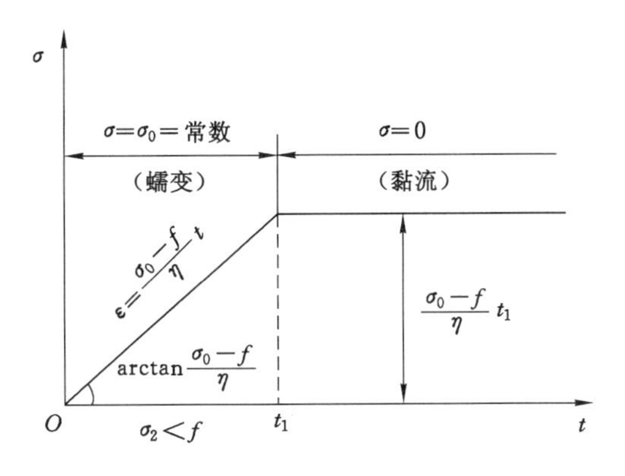

图 3-28　宾厄姆体蠕变与黏流曲线

由本构方程可知：

当 $\sigma_2<f$ 时，$\varepsilon=0$，故无松弛。

当 $\sigma_2\geqslant f$ 时，由本构方程 $\sigma=\eta\dot{\varepsilon}+f=\eta\dot{\varepsilon}_0+f=f=$常数，故也无松弛。

③ 弹性后效与黏性流动。

加载至 t_1 后卸载，应力、应变条件为：

a. $t=t_1$ 时，当 $\sigma_2<f$ 时，$\sigma=\sigma_0=$常数，$\varepsilon_1=0$；当 $\sigma_2\geqslant f$ 时，$\varepsilon_1=\dfrac{\sigma_0-f}{\eta}t_1$。

b. $t>t_1$ 时，$\sigma=\sigma_0$，此时：

当 $\sigma_2<f$ 时，显然无弹性后效，也无黏性流动。

当 $\sigma_2\geqslant f$ 时，$\varepsilon=\varepsilon_1=\dfrac{\sigma_0-f}{\eta}t_1=$常数，故也无弹性后效，但全部应变转变为黏性流动（图 3-28 右半部分）。

由以上基本二元体模型的流变曲线可以总结得出：各组成和组合元件对模型流变特征的影响存在以下规律：

瞬变靠 H、M 体	弯转靠 K 体	斜升靠 M、N|S_tV 体
M 体松弛有黏性流动	K 体推迟有弹性后效	N|S_tV 全部转黏性流动

在对岩石进行流变规律研究过程中，采用的流变模型均是通过上述流变元件的组合或者改进获得，其中应用最广、最基础的是 Burgers 模型和西原体模型。

(4) Bu 体

黏弹性模型（又称 Bu 体）由一个马克斯韦尔体（M 体）和一个开尔文体（K 体）串联组合的结构模型，其结构如图 3-29 所示，较适合于大多数具有初始瞬时弹性变形、衰减蠕变及稳定蠕变阶段的岩石，如软黏土或工程岩体。模型符号为：

$$\text{Bu 体}=\text{M}-\text{K}=(\text{H}-\text{N})-(\text{H}||\text{N})$$

① 本构关系：应力相等，应变相加，即

$$\begin{cases}\sigma=\sigma_1=\sigma_2=\sigma_3\\ \varepsilon=\varepsilon_1+\varepsilon_2+\varepsilon_3\end{cases}\tag{3-19}$$

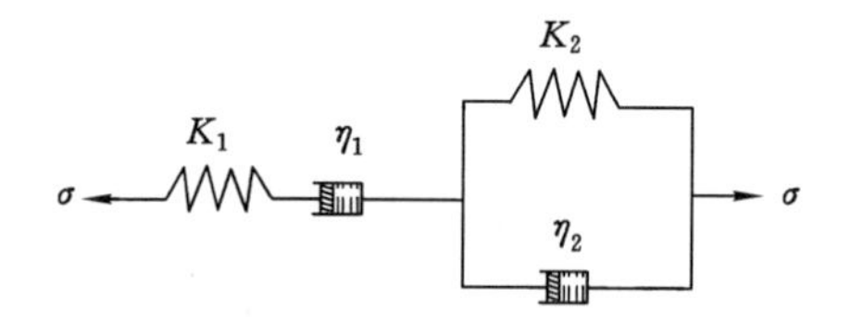

图 3-29　Bu 体

② 模型的流变本构方程[37]：

$$\sigma+\left(\frac{\eta_1}{K_1}+\frac{\eta_1+\eta_2}{K_2}\right)\dot{\sigma}+\frac{\eta_1\eta_2}{K_1K_2}\ddot{\sigma}=\eta_1\dot{\varepsilon}+\frac{\eta_1\eta_2}{K_2}\ddot{\varepsilon}$$

$$\varepsilon=\frac{\sigma_0}{\eta_1}t+\frac{\sigma_0}{K_1}+\frac{\sigma_0}{K_2}-\frac{\sigma_0}{K_2}e^{-\frac{K_2}{\eta_2}t} \tag{3-20}$$

③ 其蠕变曲线如图 3-30 所示，其特点为：

$$\begin{cases} t=0\text{ 时},\varepsilon=\dfrac{\sigma_0}{K_1}\text{，有瞬时应变（只取决于元件 }K_1\text{）} \\ t\to\infty\text{ 时},\varepsilon\to\infty \end{cases}$$

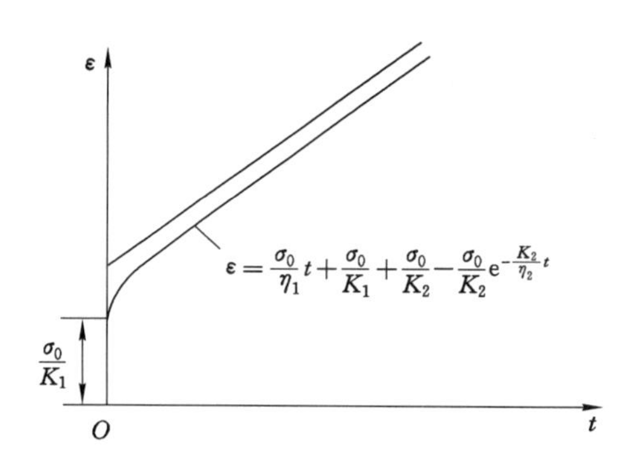

图 3-30　Bu 体蠕变曲线

Bu 体适用于描述蠕变的Ⅰ、Ⅱ两个阶段。

(5) 西原体

西原体由一个开尔文体和一个宾厄姆体串联组成，其结构如图 3-31 所示。模型符号为：

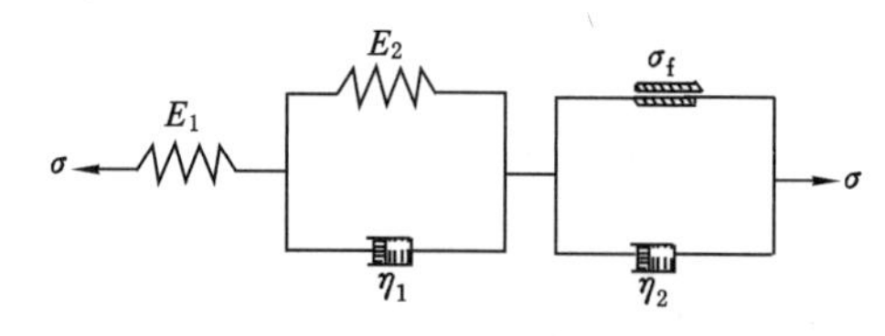

图 3-31　西原体模型

西原体＝K－B＝H－K－(N||St. V)＝H－K－VP

① 本构关系：应力相等，应变相加，即

$$\begin{cases}\sigma=\sigma_1=\sigma_2=\sigma_3\\ \varepsilon=\varepsilon_1+\varepsilon_2+\varepsilon_3\end{cases} \tag{3-21}$$

② 本构方程。

当 $\sigma<\sigma_s$ 时，蠕变方程为：

$$\varepsilon=\sigma_0\left[\frac{E_1+E_0}{E_1E_0}-\frac{1}{E_1}\exp\left(-\frac{E_1}{\eta_1}t\right)\right]$$

具有瞬时弹性变形，稳定蠕变，当 $t\to\infty$ 时，$\varepsilon(\infty)\to\frac{\sigma_0}{E_\infty}$。

当 $\sigma\geqslant\sigma_s$ 时，蠕变方程为：

$$\varepsilon=\frac{\sigma_0}{E_0}+\frac{\sigma_0}{E_1}\left[1-\exp\left(-\frac{E_1}{\eta_1}t_1\right)\right]+\frac{\sigma_0-\sigma_s}{\eta_1}t$$

具有瞬时弹性和应变随时间增加无限增大的特征。

③ 弹性后效。

当 $\sigma<\sigma_s$ 时，t_1 时卸载具有瞬时弹性恢复变形 $\varepsilon_0=\sigma_0/E_0$，弹性后效为 $\frac{\sigma_0}{E_1}\left[1-\exp\left(-\frac{E_1}{\eta_1}t_1\right)\right]\exp\left[-\frac{E_1}{\eta_1}(t-t_1)\right]$。当 $t\to\infty$，$\varepsilon\to0$。

当 $\sigma\geqslant\sigma_s$ 时，$t=t_1$ 时卸载瞬时恢复，$\varepsilon_0=\sigma_0/E_1$，弹性后效为 $\frac{\sigma_0}{E_1}\left[1-\exp\left(-\frac{E_1}{\eta_1}t_1\right)\right]\exp\left[-\frac{E_1}{\eta_1}(t-t_1)\right]+\frac{\sigma_0-\sigma_s}{\eta_2}t_1$。当 $t\to\infty$时，$\varepsilon\to\frac{\sigma_0-\sigma_s}{\eta_2}t_1$。

④ 应力松弛。

当 $\sigma<\sigma_s$ 时，应力松弛方程为：

$$\sigma=\left(E_0-\frac{E_1+E_0}{E_1E_0}\right)\cdot\varepsilon_0\exp\left(-\frac{E_1+E_0}{\eta_1}t\right)+\frac{E_1E_0\varepsilon_0}{E_1+E_0}。$$

且当 $t\to\infty$ 时，$\sigma_0\to E_\infty\varepsilon_0$。其中，$E_\infty=\frac{E_1E_0}{E_1+E_0}$。

当 $\sigma\geqslant\sigma_s$ 时，应力松弛方程为：

$$\sigma=\frac{q_2\varepsilon_0}{p_2(a_1-a_2)}\left[\left(\frac{q_1}{q_2}-a_2\right)\exp(-a_2t)-\left(\frac{q_1}{q_2}-a_1\right)\exp(-a_1t)\right]+\sigma_s$$

当 $t\to\infty$时，$\sigma\to\sigma_s$。

其中，$a_1=\frac{p_1+\sqrt{p_1^2-4p_2}}{2p_2}$，$a_2=\frac{p_1-\sqrt{p_1^2-4p_2}}{2p_2}$，$p_1=\frac{\eta_2}{E_0}+\frac{\eta_2}{E_1}+\frac{\eta_1}{E_1}$，$p_2=\frac{\eta_2\eta_1}{E_0E_1}$，$q_1=\eta_2$，$q_2=\frac{\eta_2\eta_1}{E_1}$。

⑤ 蠕变曲线。

其蠕变曲线如图 3-32 所示。

广义西原体模型可分别或全面地描述初始蠕变、等速蠕变、加速蠕变三个阶段的稳定与不稳定两种情况的蠕变。其性能比较完善，适应性强，是应用较多的一种流变模型。

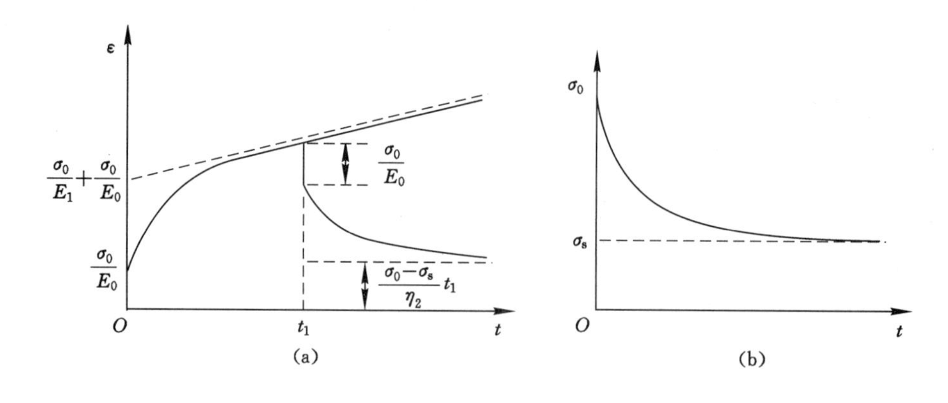

图 3-32　西原体流变特性曲线

3.4.2　蠕变及蠕变分类

岩石的流变性是指岩石的应力-应变关系随时间变化的性质，是地下工程研究中的重要内容。岩石的流变性包括以下四个方面：

① 蠕变：在应力大小和方向不变的情况下，随着时间的延长，应变不断增大的现象。

② 松弛：在应变不变的情况下，随着时间的延长，应力降低的现象。

③ 弹性后效：加(卸)载后经过一段时间应变才增大(或减小)到应有值的现象。

④ 黏性流动：蠕变一段时间后卸载，部分应变永久不能恢复的现象。

研究岩石的流变性，主要是研究岩石的蠕变特性。以往对岩石蠕变性的研究主要是针对软岩工程，但近年来随着矿井开采深度的增加，地应力也相应增大。在浅部开采中本来强度较高的岩石，在高应力作用下也表现出软岩的特征(俗称高应力软岩)。由于蠕变使岩石产生了过量的变形，进而产生破坏。因此，在某些情况下，只按岩石(体)的强度来进行设计是不安全的，应该考虑岩石蠕变特性的影响，尤其是处于深部开采高应力作用下时。

岩石的蠕变特性主要取决于其本身性质。像花岗岩类坚硬岩石，其蠕变变形很小，通常可忽略；而页岩、泥岩类软弱岩石，其蠕变变形往往很大，导致其蠕变破坏，必须引起重视，以便更切合实际地评价岩石变形及其稳定性。

试验研究表明：当在岩石试件上施加恒定的荷载时，岩石立即产生瞬时弹性应变，然后进行蠕变变形。一般可将蠕变变形过程中分为三个应力水平(图 3-33)：

① 初始蠕变阶段(图 3-33 中Ⅰ段)：最初应变随时间增长较快，但是其增长率随时间逐渐降低，曲线呈下凹形。

② 等速蠕变阶段(图 3-33 中Ⅱ段)：应变随着时间近于等速增加，近似呈直线。

③ 加速蠕变阶段(图 3-33 中Ⅲ段)：应变速率迅速增长，直至岩石破坏。

任何一个蠕变阶段的持续时间都取决于岩石类型、荷载和温度等因素。对于同一种岩石来说，荷载值越大，Ⅱ阶段蠕变持续的时间越短，Ⅲ阶段的破坏出现就越快，当荷

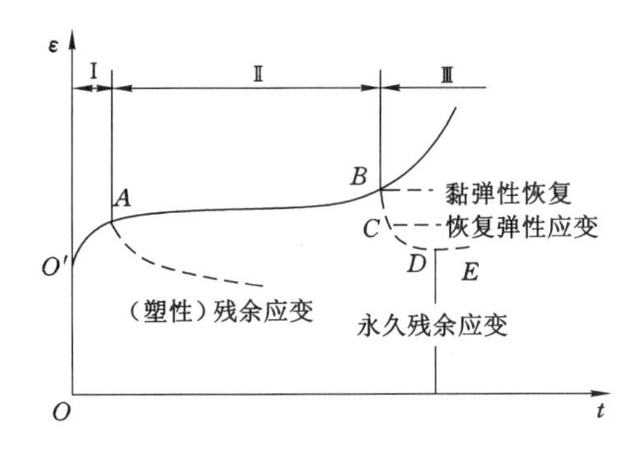

图 3-33 蠕变的三个阶段

载很大时，几乎在加载后就立即破坏。而当荷载较小时，可能仅出现Ⅰ阶段或Ⅰ、Ⅱ阶段。使岩石仅产生蠕变变形而不产生破坏的最大应力称为蠕变极限。当应力值达到或超过蠕变极限时，岩石才可能由蠕变至破坏。通常将出现蠕变破坏的最低应力值称为长时强度，即当应力水平低于长时强度时，一般不会致使岩石破裂，蠕变过程只包括前两个阶段；当应力水平高于长时强度时，则经过或长或短的时间，最终必将导致岩石破裂，蠕变过程中三个应力水平均存在（图 3-34）。

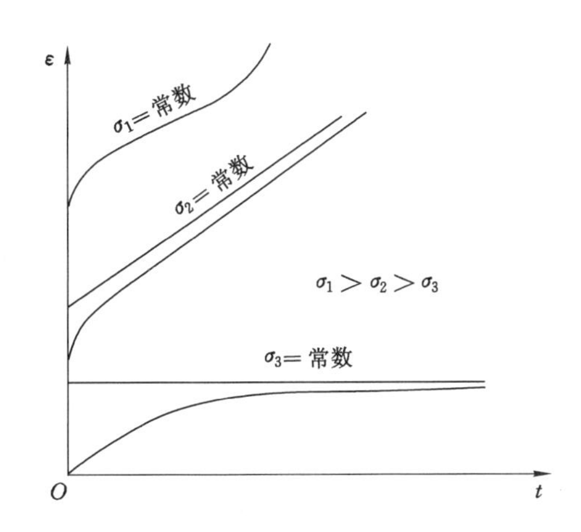

图 3-34 蠕变过程中的三个应力水平

3.4.3 蠕变模型及其参数识别

根据室内试验选取合适的流变模型并确定相应的参数，是岩石流变力学研究的一项重要内容。选取的流变模型要求能够正确地描述岩石内在的本质规律，能够近似反映岩石的流变特性及其工程变形特征。由于岩石材料的不确定性，建立一种能够全面反映岩石各种变形机制且普遍适用的本构模型几乎是不可能的，即使建立了这种模型，也会因为模型结构过于复杂、参数难以确定等原因而不能有效应用于工程实际。根据岩石的室内试验结果（3.3 节），流变模型选用能够被广泛应用的 Burgers 模型和西原体模型，通过参数识别对比两个模型的拟合效果，选取更接近试验数据的模型作为后文应用的流变模型。

3.4.3.1 流变模型参数识别方法

由于岩石流变模型的本构方程大多数十分复杂，模型参数很难根据试验结果直接获得，或通过简单的计算求得。目前采用的最小二乘法拟合精度较高，但是存在初值难以选取的问题，影响参数识别的准确性。为克服这一缺点，马夸特(Marquardt)对最小二乘法进行了改进，在线性方程组系数矩阵的对角线上增加了一个充分大的阻尼因子。经改进的最小二乘法虽然在一定程度上拓宽了初始参数值的范围，但是阻尼因子的选取又成了新的问题，此因子选取过小达不到拓宽初始参数值范围的目的，选取过大则会降低算法的收敛速度。

为了解决上述问题，实现对模型参数的有效识别，本书编写了将模式搜索的优化方法与最小二乘法相结合的参数识别程序，可以很好地解决流变模型参数识别问题。该方法的基本原理与参数识别过程如下[88]：

步长加速法又称为模式搜索法、Hooke-Jeeves 方法，是由 Hooke 和 Jeeves 于 1961 年提出的一种直接搜索法，是为改进坐标法不能斜向搜索而设计的。对于变量数目较少的无约束最优化问题，可直接求解，不需要导出信息，简单有效。模式搜索法主要由交替进行的探测搜索和模式移动组成。探测搜索的出发点称为参考点，探测搜索的目的是在参考点的周围寻找比它更好的点，从而确定一个有利的前进方向。对于目标函数极小化问题，如果能够找到这样的点，那么称为基点。如果有基点的函数值小于参考点的函数值，自然想到从基点出发，沿参考点到基点的方向，目标函数有可能继续下降。这样的向量称为“模式”。下一步就进行模式移动，模式移动的起点是基点，它的终点是新的参考点。于是探测搜索与模式移动就可以交替进行下去。迭代开始时，基点和参考点重合，并且都在初始点外。经过探测搜索得到新的基点，然后经过模式移动得到新的参考点。再探测，再移动，迭代点将逐渐向极小点靠近。

参数进行识别的具体步骤如下：

① 输入初始步长 δ，加速因子 $\alpha \geqslant 1$，初始点 $x^{(1)} \in E^q$，坐标方向 $e_1, e_2, \cdots, e_q$，缩减率 $\beta \in (0,1)$，观测值 $(W_k, T_k)(k=1,2,\cdots,n)$，模型标志 f，允许误差 $\varepsilon > 0$，置 $y^{(0)} = x^{(1)}$，$m=1, j=1$。

② 选择模型标志 f，若模型标志 f 为空，根据残差平方和 Q 选出最优模型，结束；否则进行步骤③。

③ 如果 $Q_j = \sum\limits_{k=1}^{n} [w_k - f(T_k, y^{(1)} + \delta e_j)]^2 < Q_{j-1} = \sum\limits_{k=1}^{n} [w_k - f(T_k, y^{(1)})]^2$，则令 $y^{(j+1)} = y^j + \delta e_j$，进行步骤⑤；否则进行步骤④。

④ 如果 $Q_j = \sum\limits_{k=1}^{n} [w_k - f(T_k, y^{(1)} - \delta e_j)]^2 < Q_{j-1} = \sum\limits_{k=1}^{n} [w_k - f(T_k, y^{(1)})]^2$，则令 $y^{(j+1)} = y^j - \delta e_j$，进行步骤⑤；否则令 $y^{(j+1)} = y^j$。

⑤ 如果 $j<q$，则置 $j=j+1$，转到步骤③，否则进行步骤⑥。

⑥ 如果 $Q_{j+1}=\sum_{k=1}^{n}[w_k-f(T_k,y^{(j+1)})]^2<Q_j=\sum_{k=1}^{n}[w_k-f(T_k,x^{(m)})]^2$，则进行步骤 ⑦，否则进行步骤 ⑧。

⑦ 置 $x^{(m+1)}=u^{(n+1)}$，令 $y^{(j)}=x^{(m+1)}=\alpha[x^{(n+1)}-x^{(m)}]$；置 $m=m+1$，$j=1$，转到步骤③。

⑧ 如果 $\delta<\varepsilon$，停止迭代，得到本模型最优参数 x^m，程序转到步骤②；否则，置 $\delta=\beta\delta$，$y^{(0)}=x^{(m)}$，$x^{(m+1)}=x^{(m)}$，置 $m=m+1$，$j=1$，转到步骤③。

参数识别流程图如图 3-35 所示。

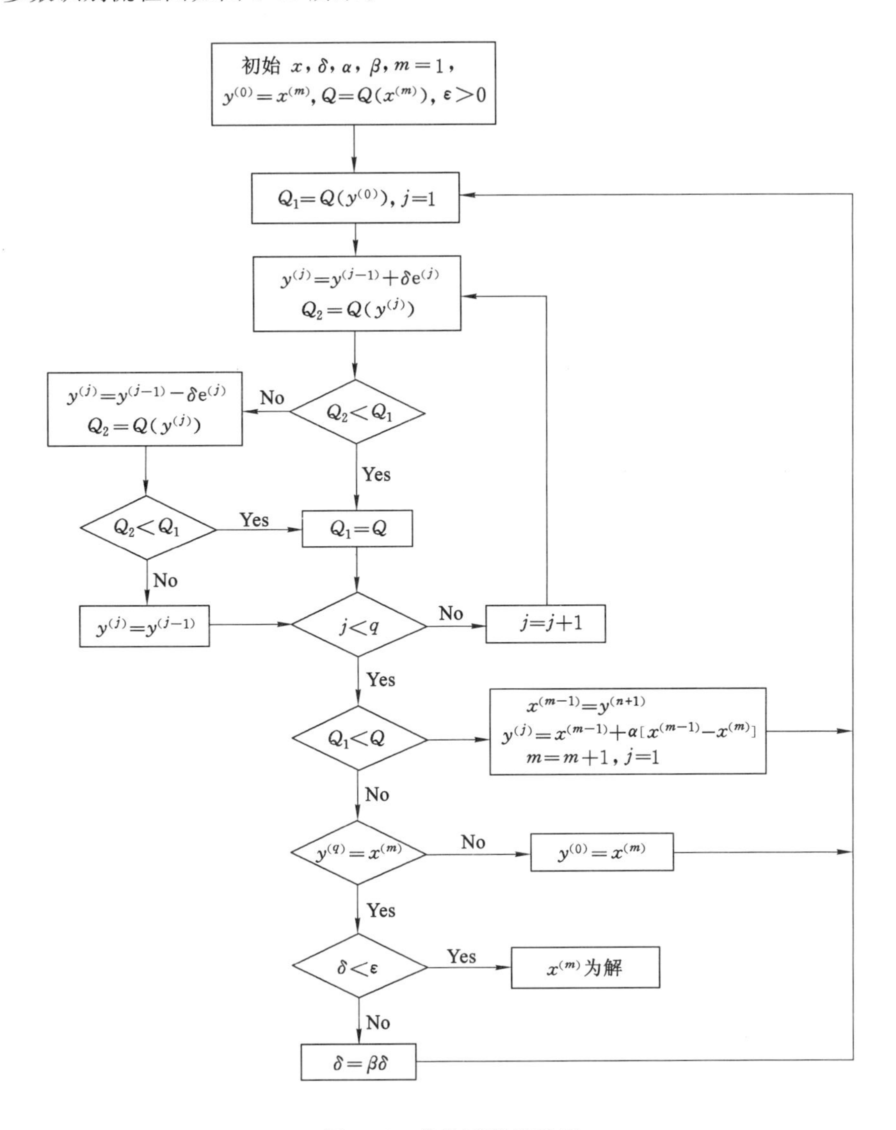

图 3-35　参数识别流程图

3.4.3.2 流变模型参数识别

图 3-36 至图 3-39 分别为不同应力水平时的蠕变试验数据及利用上述程序实现的拟合曲线,可以看出:Burgers 模型和西原体模型与试验曲线都取得了较好的拟合效果,但是西原体模型的拟合效果稍好一些,且能够反映岩石的黏弹塑性变形特征,因此下文中岩石的流变模型采用西原体模型,其参数识别结果分别见表 3-4 和表 3-5。

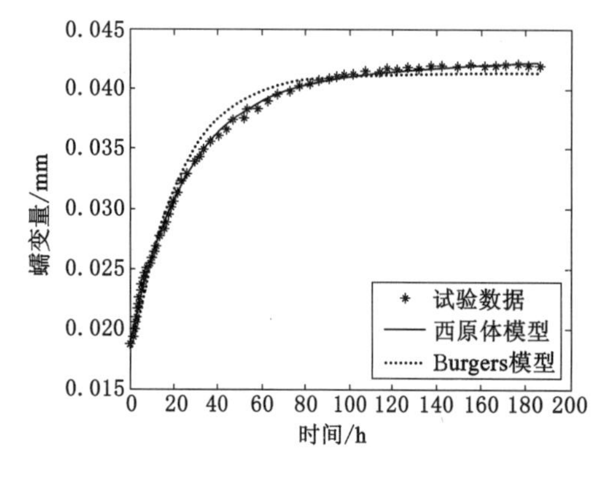

图 3-36 应力水平为 1 MPa 时的蠕变曲线

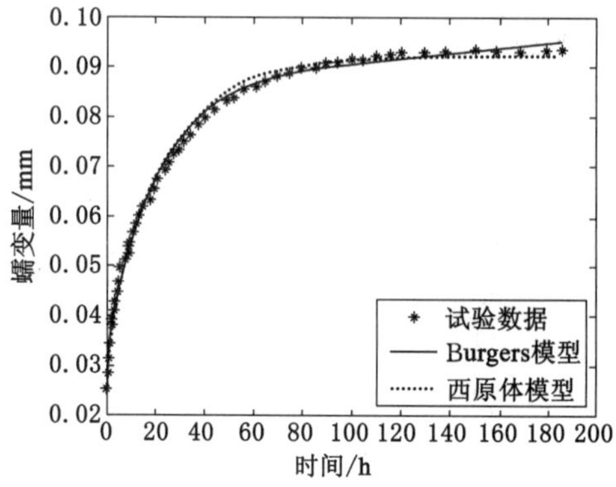

图 3-37 应力水平为 2 MPa 时的蠕变曲线

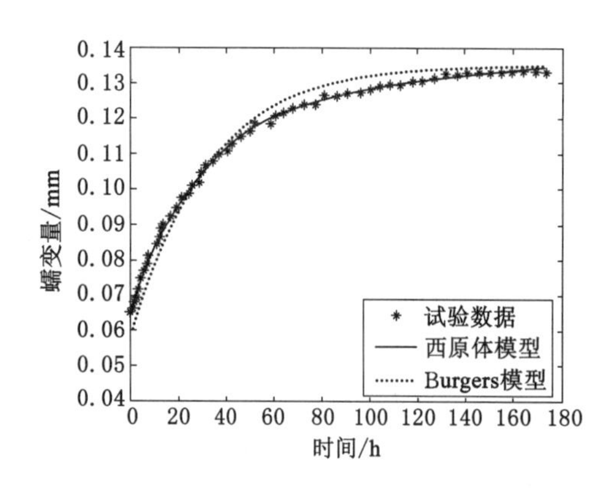

图 3-38 应力水平为 4 MPa 时的蠕变曲线

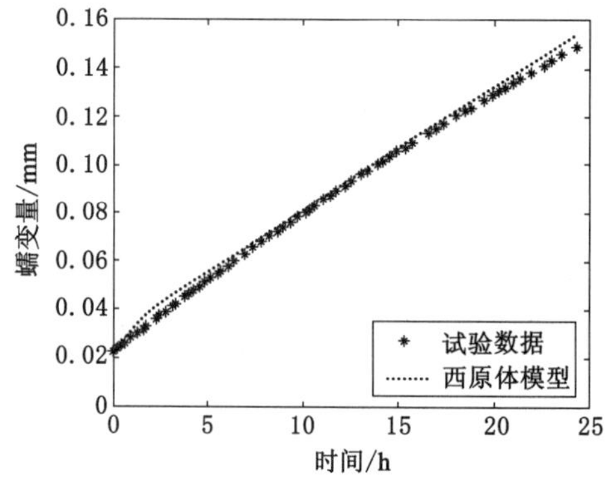

图 3-39 西原体模型加速蠕变曲线

表 3-4 Burgers 模型参数

应力水平/MPa	E_M/MPa	E_K/MPa	η_K/(MPa·h)	η_M/(MPa·h)
1	53.444 0	45.895 9	1 180.005 1	105 704.421 8
2	61.737 7	37.400 3	739.863 3	40 308.945 3
4	611.795 0	676.507 8	19 658.496 1	694 584. 775 4

由蠕变试验数据拟合和参数识别结果,西原体模型能够更好地反映该研究区域软岩的蠕变规律,下文的蠕变研究将基于西原体蠕变模型进行。

表 3-5 西原体模型参数

应力水平/MPa	E/MPa	E_K/MPa	η_K/(MPa·h)	η_B/(MPa·h)
1	58.689 9	41.139 6	906.718 8	—
2	62.333 9	33.186 8	772.703 1	—
4	69.603 0	51.370 8	163.262 5	—
8	100.952 9	96.849 7	76.062 5	98

在地应力一定的情况下，孔隙水压力的变化对岩石蠕变性质的影响体现在蠕变本构方程上，即总应变量由有效应力决定，岩石的弹性模量 E、黏滞系数 η、塑性极限等流变参数都是孔隙水压力 p 和含水率的函数。

恒应力下的蠕变方程 $\sigma=\sigma_0$，初始条件为：$t=0$ 时，$\varepsilon=0$。一维情况下的应力-应变关系式为：

$$\varepsilon(t)=\begin{cases}\dfrac{\sigma}{E_1(p,w)}+\dfrac{\sigma}{E_2(p,w)}\left[1-\mathrm{e}^{-\frac{E_2(p,w)}{\eta_1(p,w)}t}\right] & (\sigma\leqslant\sigma_s)\\[2ex] \dfrac{\sigma}{E_1(p,w)}+\dfrac{\sigma}{E_2(p,w)}\left[1-\mathrm{e}^{-\frac{E_2(p,w)}{\eta_1(p,w)}t}\right]+\dfrac{\sigma-\sigma_s}{\eta_2(p,w)} & (\sigma>\sigma_s)\end{cases} \tag{3-22}$$

3.5 本章小结

本章通过实验室测试研究了水岩耦合作用对软岩性能的影响：

(1) 从软岩浸水后的宏观效果发现水岩耦合作用对软岩的影响非常明显。软岩的成分和结构不同，浸水后的效果不同，大致分为三类：浸水泥化型软岩、浸水碎胀型软岩和复合型软岩。

(2) 软岩的弹性模量和抗压强度在浸水后呈负指数规律衰减，试验碳质泥岩抗压强度衰减规律为 $\sigma_t=\sigma_0\exp(-0.368\ 43t)$，试验砂质泥岩抗压强度的衰减规律为 $\sigma_t=\sigma_0\exp(-0.064\ 03t)$，试验泥岩弹性模量的衰减规律为 $E_w=211.478\ 43\mathrm{e}^{-0.075\ 42w}$。

(3) 由水岩耦合作用对软岩应力-应变关系曲线可知：随着浸润时间的增加，岩石中的胶结物充分溶解，形成了较大的孔隙，使岩石试件在进入弹性阶段之前有越来越长的压密过程；随着浸润时间的增加，应力-应变关系曲线上出现明显的屈服段，且其长度有增长的趋势，从而弹性阶段相应变短。观察试验过程可知：浸润时间越长的岩样，从开始出现裂纹至完全破坏的时间越长，未浸润的岩样从裂纹开始出现至破坏几乎瞬间完成。

(4) 含水率对软岩蠕变具有重要的影响。

① 含水率降低了岩石的初始蠕变强度。由于水降低了岩石的强度，水的润滑和溶蚀作用进一步破坏了岩石的结构，使岩石结构的内部缺陷增加，在较低的外荷载作用下即产生了初始蠕变变形量。

② 含水率增加了极限蠕变变形量。对于第一种衰减蠕变，水的润滑和溶蚀作用进

一步破坏了岩石的结构，使得岩石结构的内部缺陷增加，在相同的外荷载作用下，有更多的空位、位错或杂质分子扩散，产生更大的蠕变变形；对于第二种衰减蠕变，由于含水率较高的岩石在较低的应力作用下就进入第二种衰减蠕变，而且在相同的蠕变变形下含水率较高的岩石中的承载能力低的微元体承载能力会下降到更低值，而且由于水的存在，使得实际荷载比表观荷载的增加量更大，因此，在相同的外应力作用下，含水率较高的岩石会产生更大的极限蠕变变形。

(5) 孔隙水压力对软岩的蠕变变形影响显著。随着孔隙水压力的增大，蠕变应变量逐渐减小。孔隙水压力致使有效应力下降，施加在多孔介质骨架上的实际压力相对于不考虑孔隙水压力的总应力变小，蠕变变形量也随之减小，即孔隙水压力越大蠕变数值越低。

(6) 本书选用西原体模型来描述水作用下软岩巷道围岩蠕变行为，利用编写的基于模式搜索的最小二乘法程序对模型进行了参数识别，效果理想。

4 软岩流固耦合流变数学模型及其数值解法

4.1 引言

长期以来岩石应力场与渗流场的耦合作用是岩石力学与工程领域中一直备受关注的重要课题。煤矿巷道开挖后将引起围岩应力变化，当巷道附近有含水层时，应力场的变化将引起含水层内渗流场的变化，反过来渗流场的变化也将引起岩石应力场的变化，围岩与地下水的影响是渗流场与应力场相互影响的过程。因此，研究含水层对围岩稳定性的影响时必须考虑渗流场与应力场水岩耦合作用。同时，对于具有显著流变性的软岩巷道或者其他软岩工程具有显著的流变性的岩体，在流固耦合作用下，岩体的变形也将不同程度呈现随时间发展的蠕变变形。为此，本书根据连续介质模型和流变力学的基本理论，建立岩石应力场和渗流场耦合作用下的流变分析模型。

由于岩体是具有多结构的复杂介质，其耦合流变分析模型也应随之变化，不同的耦合流变分析模型可描述岩体不同的力学行为。为了建立所研究岩体的分析模型，作出如下基本假设：(1) 岩体无宏观可见的大的裂隙、节理和断层，则可将岩体概化模型视为连续介质模型或等效连续介质模型；(2) 岩体蠕变变形过程中泊松比为恒定值；(3) 流体随时间是微可压缩液体；(4) 渗流服从达西定律，渗透系数在同一时步内不随应力、应变变化，而在数值模拟分析时，在每两个时步之间，利用应力、应变与渗透系数之间的关系，对渗透系数进行修正；(5) 假设流固耦合方程中的体积应变为弹性应变。

4.2 软岩流固耦合流变模型

研究岩石的水岩耦合作用时，可将岩石视为多孔介质，流体在孔隙介质中的流动服从各向同性达西定律，孔隙介质可看成可变形体，同时满足 Biot 方程。

4.2.1 运动方程

流体的运动用达西定律来描述。对于均质、各向同性岩体和流体的密度是常数的情况，流体运动方程具有如下形式[116-117]：

$$q_i = -K(p - \rho_w x_j g_j)_{,l} \tag{4-1}$$

式中 q_i——渗流速度；

p——孔隙水压力；

K——渗透系数；

ρ_w——水密度；

$g_j(j=1,2,3)$——重力加速度在坐标轴上的3个分量。

4.2.2 平衡方程

对于小变形情况，流体的质量平衡方程为：

$$-q_{i,j}+q_V=\frac{\partial\zeta}{\partial t} \tag{4-2}$$

式中 q_V——源的体积强度；

ζ——单位体积孔隙介质的流体体积变化量。

动量平衡方程的形式为：

$$\frac{\partial\sigma_{ij}}{\partial x_j}+\rho g_i=\rho\frac{\mathrm{d}v_i}{\mathrm{d}t} \tag{4-3}$$

式中 ρ——体积密度，$\rho=(1-n)\rho_s+ns\rho_w$；

ρ_s,ρ_w——固体和液体的密度；

n——多孔介质的孔隙率；

$(1-n)\rho_s$——岩石的干密度ρ_d；

$v_i(i=1,2,3)$——介质运动速度在坐标轴上的3个分量。

4.2.3 本构方程

流体流量的变化与孔隙水压力p、饱和度s、体积应变ε的变化有关，孔隙流体响应方程为：

$$\frac{1}{M}\frac{\partial p}{\partial t}+\frac{n}{s}\frac{\partial s}{\partial t}=\frac{1}{s}\frac{\partial\zeta}{\partial t}-\alpha\frac{\partial\varepsilon_V}{\partial t} \tag{4-4}$$

式中 α——比奥系数，$\alpha=1-\frac{K_d}{K_s}$；

K_d——排水体积模量；

K_s——固体体积模量；

M——比奥模量，$M=\frac{K_u-K_d}{\alpha}$；

K_u——介质的非排水体积模量；

p——孔隙水压力；

ε_V——体积应变。

式(4-4)中应变没有考虑岩石的流变变形，为弹性应变。那么在流变变形过程中，由总应变与黏弹性应变和黏塑性应变的关系可以得到：

$$\varepsilon_V=\varepsilon-\varepsilon^{Ve}-\varepsilon^{Vp} \tag{4-5}$$

式中 ε——t时刻岩石内任意一点的总应变；

ε^{Ve}——t时刻岩石内任意一点的黏弹性应变；

ε^{Vp}——t 时刻岩石内任意一点的黏塑性应变。

在任意一足够短的 Δt 时间段内应变增量可写成：

$$\Delta\varepsilon_V = \Delta\varepsilon - \Delta\varepsilon^{Ve} - \Delta\varepsilon^{Vp} \tag{4-6}$$

将式(4-5)代入式(4-4)即得到流固耦合流变分析的本构方程。

体积应变的变化引起流体孔隙水压力的变化。反过来，孔隙水压力的变化也会导致体积应变的产生。孔隙介质本构方程的增量形式为：

$$\Delta\sigma_{ij} + \alpha\Delta p\delta_{ij} = H_{ij}(\sigma_{ij}, \Delta\xi_{ij}) \tag{4-7}$$

式中　$\Delta\sigma_{ij}$——应力增量；

Δp——孔隙水压力增量；

σ_{ij}——Kronecker 因子；

H_{ij}——给定函数；

$\Delta\xi_{ij}$——应变增量。

4.2.4　几何方程

应变率与速度梯度之间的关系式为：

$$\dot{\varepsilon}_{ij} = \frac{1}{2}\left(\frac{\partial v_i}{\partial x_j} + \frac{\partial v_j}{\partial x_i}\right) \tag{4-8}$$

式(4-1)至式(4-8)组合并加之特定解便构成了完整的描述岩石类多孔介质流固耦合流变数学模型。

4.2.5　边界条件

渗流场边界条件主要有以下两种[118]：

① Dirichlet 边界条件：

$$p = \bar{p}, \Gamma_p \tag{4-9}$$

② Neuman 边界条件：

$$V \cdot n = -\frac{k}{\mu}\left(\frac{\partial p}{\partial n} - \rho_w g\right) = \bar{V}, \Gamma_V \tag{4-10}$$

$$\frac{\partial p}{\partial n} = \nabla p \cdot n \tag{4-11}$$

变形场方程边界条件为：

① Dirichlet 边界条件：

$$u = \bar{u}, \Gamma_u \tag{4-12}$$

② Neuman 边界条件：

$$\sigma \cdot n = t(p), \Gamma_t \tag{4-13}$$

式中　$t(p)$——边界上的已知应力分布。

4.3　软岩耦合流变模型数值解法

目前岩土力学中常用的数值分析方法有有限差分法、有限单元法和边界元法等，这几种方法都是以连续介质为出发点，而且基于小变形假设，虽然可以用来解决由几种介质组成的非均质问题，并且对于个别的断层和弱面，也可以通过设置节理单元来解决，但是用于解决富含节理和大变形的岩土力学问题时往往所得到的结果与实际相差甚远。连续介质快速拉格朗日差分法（fast lagrangian analysis of continua，简称 FLAC）是近些年来逐步完善的一种新型数值分析方法。FLAC 是一种显式有限差分程序，同以往的差分程序相比，它不但能处理一般的大变形，而且能模拟沿某一弱面产生的滑动变形，针对不同的材料特性，使用相应的本构方程来较为真实地反映实际材料的动态行为，可以较好地模拟岩石介质在达到强度极限或屈服极限时发生的破坏或塑性流动的力学行为，分析渐进破坏和失稳[119-120]。基于上述分析，本书采用快速拉格朗日差分法对模型进行求解。

4.3.1 饱和流体流动方程差分格式

4.3.1.1 空间导数的有限差分近似

饱和流体的连续性方程：

$$\frac{1}{M}\frac{\partial p}{\partial t}=-\frac{1}{s}(q_{i,j}-q_{\mathrm{V}})-\alpha\frac{\partial \varepsilon}{\partial t} \tag{4-14}$$

在三维数值方法中，流体单元被离散为 8 节点六面体单元，孔隙水压力和饱和度被认为是节点变量。在计算过程中每个六面体单元又被划分为四面体单元，如图 4-1 所示。

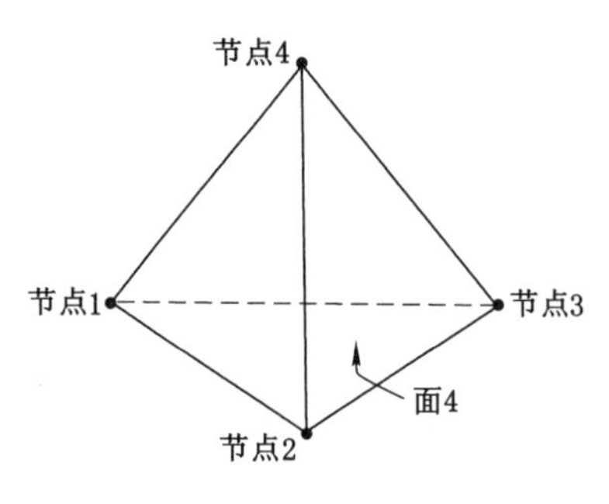

图 4-1　四面体

四面体节点的局部节点编号为 1～4，节点 n 相对的面为面 n。在四面体内部假设孔隙水压力线性变化，流体密度为常量；压力水头梯度以应用高斯散度定理得到的节点孔隙水压力值表示，如下式[121-123]：

$$(p-\rho_f x_i g_i)_{,j}=-\frac{1}{3V}\sum_{l=1}^{4}(p^l-\rho_f x_i^l g_i)\boldsymbol{n}_j^{(l)}S^{(l)} \tag{4-15}$$

式中　$\boldsymbol{n}^{(l)}$——面 l 的外法线单位矢量；

$S^{(l)}$——面 l 的表面积；

V——四面体的体积。

为了提高数值计算的精度，在不影响压力水头梯度值的情况下可将 $x_i^l-x_i^1(x^1)$

(对应四面体顶点坐标)代替式(4-15)中 x_i^l,因此式(4-15)有如下形式:

$$(p-\rho_f x_i g_i)_j = -\frac{1}{3V}\sum_{l=1}^{4} p^{*l} \boldsymbol{n}_j^{(l)} S^{(l)} \tag{4-16}$$

式中 p^{*l}——节点变量,定义如下:

$$p^{*l} = p^l - \rho_f (x_i^l - x_i^1) g_i \tag{4-17}$$

4.3.1.2 质量平衡方程的节点离散格式

对于完全饱和流($s=1$),流体的连续性方程式(4-14)可以写成:

$$q_{i,i} + b^* = 0 \tag{4-18}$$

式中,

$$b^* = \frac{S}{M}\frac{\partial p}{\partial t} - q_V^* \tag{4-19}$$

在力学节点表达式中 b^* 等于瞬时体力 ρb_i。

$$q_V^* = q_V - \alpha \frac{\partial \varepsilon}{\partial t} \tag{4-20}$$

考虑单个四面体,应用相似的方法,节点流量 $Q_e^n(n=1,4)$,等于四面体的比流量和体积源强度 b^*,可以用下式表示:

$$Q_e^n = Q_t^n - \frac{q_V^*}{4}V + m^n \frac{\mathrm{d}p^n}{\mathrm{d}t} \tag{4-21}$$

式中,

$$Q_t^n = \frac{q_i n_i^{(n)} S^{(n)}}{3} \tag{4-22}$$

$$m^n = \frac{V}{4M^n} \tag{4-23}$$

原则上每个节点都要建立质量平衡方程的离散格式,并且要求四面体交点处的节点流出量($-Q_e^n$)与边界节点流入量(Q_w^n)的总和为 0。

方程式(4-22)中的四面体比流量与压力水头梯度有关,可以利用运动方程求得。孔隙水压力水头梯度分量可以用四面体孔隙水压力的形式表示,通过方程式(4-16)求得。

通过建立局部矩阵来节省计算时间,并采用单元的离散格式,计算所有属于该单元并交于点 n 的四面体的流入量,然后再将两个四面体单元重合面求平均得到总量 Q_z^n。利用局部单元矩阵 $\boldsymbol{M}$ 将 8 节点流量值 Q_z^n 与 8 节点压力水头局部矢量 $\boldsymbol{p}^{*n}$ 联系起来。由于矩阵是对称的,故共有 36 个分量需要计算。根据单元矩阵的定义,有如下式:

$$Q_z^n = M_{nj}\boldsymbol{p}^{*j} \tag{4-24}$$

式中 $\boldsymbol{p}^*$——单元节点的压力水头的局部矢量。

全局节点流量 Q_T^n 为各单元流入流量之和,每个全局节点总流量的表达式如下:

$$Q_T^n = C_{nj} p^{*j} \tag{4-25}$$

式中 $\boldsymbol{C}$——全局矩阵;

$\boldsymbol{p}^*$——节点压力水头的全局矢量。

由于四面体节点处总流量和为 0,得到下式:

$$-\sum Q_e^n + \sum Q_w^n = 0 \tag{4-26}$$

式中　$\sum$——相交于节点 n 的所有单元的流入量之和。

将式(4-20)和式(4-21)代入式(4-26),整理得:

$$\frac{\mathrm{d}p^n}{\mathrm{d}t} = -\frac{1}{\sum m^n}\left(Q_{\mathrm{T}}^n + \sum Q_{\mathrm{app}}^n\right) \tag{4-27}$$

式中　Q_{T}^n——节点孔隙水压力的函数;

$\sum Q_{\mathrm{app}}^n$——体积源、边界通量和点源的已知流入量总和,其表达式如下:

$$\sum Q_{\mathrm{app}}^n = -\sum\left(q_{\mathrm{V}}\frac{V}{4} + Q_w\right)^n \tag{4-28}$$

方程式(4-27)为节点 n 的质量平衡方程的离散形式;等式右边项 $Q_{\mathrm{T}}^n + \sum Q_{\mathrm{app}}^n$ 为不平衡流量。当流体保持静止时,不平衡流量为0,孔隙水压力的改变仅由力学变形引起。

在程序中,Biot 模量是节点的属性,利用式(4-23)得:

$$\frac{1}{\sum m^n} = \frac{M^n}{V^n} \tag{4-29}$$

式中,

$$V^n = \sum\left(\frac{V}{4}\right)^n \tag{4-30}$$

将式(4-27)重新整理得:

$$\frac{\mathrm{d}}{\mathrm{d}t}\left(p^n - p_{\mathrm{V}}^n\right) = -\frac{M^n}{V^n}\left(Q_{\mathrm{T}}^n + \sum Q_{\mathrm{app}}^n\right) \tag{4-31}$$

式中,

$$p_{\mathrm{V}}^n = -\frac{M^n}{V^n}\sum\left(\alpha\varepsilon\frac{V}{4}\right)^n \tag{4-32}$$

式(4-32)为每个全局节点离散化形式。这些方程在有限差分程序中形成一个初等常微分方程的解系,对于给定的$\frac{\mathrm{d}p_{\mathrm{V}}^n}{\mathrm{d}t}$,应用显式或隐式有限差分法可以解出。

4.3.1.3　显式有限差分格式

在显式有限差分格式中,在节点处 $p-p_{\mathrm{V}}$ 的值在时间段 Δt 内假设为线性变化的。原则上,式(4-31)左边的导数采用向前差分方法表示,在 t 时刻计算流体不平衡流量。从初始孔隙水压力场开始,如果孔隙水压力不是固定的,节点孔隙水压力值随时间变化而改变,形式如下:

$$p_{\langle t+\Delta t\rangle}^n = p_{\langle t\rangle}^n + \Delta p_{\mathrm{V}\langle t\rangle}^n + \Delta p_{\langle t\rangle}^n \tag{4-33}$$

式中,

$$p_{\langle t\rangle}^n = \chi^n\left(Q_{\mathrm{T}\langle t\rangle}^n + \sum Q_{\mathrm{app}\langle t\rangle}^n\right) \tag{4-34}$$

$$\chi^n = -\frac{M^n}{V^n}\Delta t \tag{4-35}$$

$$\Delta p^n_{\mathrm{V}\langle t\rangle} = -\frac{M^n}{V^n}\left[\sum\left(\alpha\epsilon\frac{V}{4}\right)^n\right]_{\langle t\rangle} \tag{4-36}$$

如果时步保持低于某一个有限值,即可保证显式差分方案数值的稳定性。

为了得到渗流计算的稳定标准,考虑单元中的一个节点 n 从初始状态为 0 受到一个孔隙水压力扰动 p_0 的情况。利用方程式(4-25)得到:

$$Q^n_{\mathrm{T}} = C_{nn} p_0 \tag{4-37}$$

如果节点 n 属于渗透边界,那么有:

$$\sum Q^n_{\mathrm{app}} = D_{nn} p_0 \tag{4-38}$$

式中 D_{nn}——全局渗透系数在节点 n 处的压力系数。

在一个流动时步以后,节点 n 的孔隙水压力由式(4-33)至式(4-38)得到:

$$p^n_{\langle\Delta t\rangle} = p_0\left[1 - \frac{M^n}{V^n}(C_{nn} + D_{nn})\Delta t\right] \tag{4-39}$$

为了防止在连续、重复的时间段 Δt 内孔隙水压力改变符号,式(4-39)中的系数 p_0 必须为正值,这就要求:

$$\Delta t < \frac{V^n}{M^n}\frac{1}{C_{nn} + D_{nn}} \tag{4-40}$$

式(4-40)右边的最小节点值乘以安全系数 0.8 为计算过程中的孔隙-力学时步。

考虑到内部包含参数的影响,引入临界时步的表达式。如果 L_c 是最小的四面体的特征长度,则有如下形式:

$$\Delta t_{\mathrm{ct}} = \frac{1}{a}\left(\frac{c}{L_c^2} + \frac{hM^{-1}}{L_c}\right)^{-1} \tag{4-41}$$

式中 Δt_{cr}——临界时步;

c——流体扩散系数;

a——大于 1 的常数,根据介质的几何离散化程度确定;

L_c——所考虑区域的特征长度。

4.3.1.4 隐式有限差分格式

在显式差分中为了使数值稳定,要求时步 Δt 取值非常精确,隐式差分格式克服了这一限制。在隐式差分格式中采用 Crank-Nicolson 方法,此方法假设在节点处的孔隙水压力 $p - p_{\mathrm{V}}$ 随时间 Δt 平方变化。式(4-31)中的导数 $\mathrm{d}(p - p_{\mathrm{V}})/\mathrm{d}t$ 可用中心有限差分法来表示,相当于时步的一半。流体的不平衡流量取时间 Δt 和 $t + \Delta t$ 的平均值。隐式差分格式的表达式如下:

$$p^n_{\langle t+\Delta t\rangle} = p^n_{\langle t\rangle} + \Delta p^n_{\mathrm{V}\langle t\rangle} + \Delta p^n_{\langle t\rangle} \tag{4-42}$$

$$\Delta p^n_{\langle t\rangle} = \chi^n\left[\frac{1}{2}(Q^n_{\mathrm{T}\langle t+\Delta t\rangle} + Q^n_{\mathrm{T}\langle t\rangle}) + \sum \overline{Q^n_{\mathrm{app}}}\right] \tag{4-43}$$

式中,

$$\chi^n = -\frac{M^n\Delta t}{V^n} \tag{4-44}$$

$\Delta p^n_{\mathrm{V}\langle t\rangle}$ 由式(4-36)给出,并且有:

$$\sum \overline{Q^n_{\text{app}}} = \frac{1}{2}\left(\sum Q^n_{\text{app}\langle t+\Delta t\rangle} + \sum Q^n_{\text{app}\langle t\rangle}\right) \tag{4-45}$$

由式(4-25)可以得到：

$$Q^n_{\text{T}\langle t\rangle} = C_{nj}\, p^{*j}_{\langle t\rangle} \tag{4-46}$$

$$Q^n_{\langle t+\Delta t\rangle} = C_{nj}\, p^{*j}_{\langle t+\Delta t\rangle} \tag{4-47}$$

由于在时间段 Δt 内重力不变，式(4-42)可用式(4-14)表示：

$$p^{*n}_{\langle t+\Delta t\rangle} = p^{*n}_{\langle t\rangle} + \Delta p^n_{\text{V}\langle t\rangle} + \Delta p^n_{\langle t\rangle} \tag{4-48}$$

应用式(4-48)与式(4-46)，式(4-47)可表示为：

$$Q^n_{\text{T}\langle t+\Delta t\rangle} = Q^n_{\text{T}\langle t\rangle} + C_{nj}\,\Delta p^j_{\text{V}\langle t\rangle} \tag{4-49}$$

把式(4-49)代入式(4-43)中，再根据式(4-47)得到：

$$\Delta p^j_{\langle t\rangle} = \chi^n\left[C_{nj}\left(p^{*j}_{\langle t\rangle} + \frac{1}{2}\Delta p^j_{\text{V}\langle t\rangle}\right) + \frac{1}{2}C_{nj}\,\Delta p^j_{\langle t\rangle} + \sum \overline{Q^n_{\text{app}}}\right] \tag{4-50}$$

重新组合以上各式，得到：

$$\left(\delta_{nj} - \frac{\chi^n}{2}C_{nj}\right)\Delta p^j_{\langle t\rangle} = \chi^n\left[C_{nj}\left(p^{*j}_{\langle t\rangle} + \frac{1}{2}\Delta p^j_{\text{V}\langle t\rangle}\right) + \sum \overline{Q^n_{\text{app}}}\right] \tag{4-51}$$

为了简化符号，定义已知的矩阵 $\mathbf{A}$ 及矢量 $\boldsymbol{b}_{\langle t\rangle}$ 为：

$$A_{nj} = \delta_{nj} - \frac{\chi^n}{2}C_{nj} \tag{4-52}$$

$$b_{n\langle t\rangle} = \chi^n\left[C_{nj}\left(p^{*j}_{\langle t\rangle} + \frac{1}{2}\Delta p^j_{\text{V}\langle t\rangle}\right) + \sum \overline{Q^n_{\text{app}}}\right] \tag{4-53}$$

基于上述规定，式(4-51)可写成如下形式：

$$A_{nj}\,\Delta p^j_{\langle t\rangle} = b_{n\langle t\rangle} \tag{4-54}$$

单元中每个节点用式(4-46)表示，并且采用 Jacobi 迭代方法求解。在求解过程中的第 $r+1$ 个循环，节点 n 的孔压增量的迭代关系式如下：

$$\Delta p^{n\langle r+1\rangle}_{\langle t\rangle} = \Delta p^{n\langle r\rangle}_{\langle t\rangle} + \frac{1}{A_{\text{m}}}\left(-A_{nj}\,\Delta p^{j\langle r\rangle}_{\langle t\rangle} + b_{n\langle t\rangle}\right) \tag{4-55}$$

其中只对上标 j 应用爱因斯坦求和约定，结合式(4-52)的矩阵 $\mathbf{A}$，式(4-55)可以写成如下形式：

$$\Delta p^{n\langle r+1\rangle}_{\langle t\rangle} = \Delta p^{n\langle r\rangle}_{\langle t\rangle} + \frac{1}{1 - \frac{\chi^n}{2}C_{nn}}\left[\frac{\chi^n}{2}C_{nj}\,\Delta p^{j\langle r\rangle}_{\langle t\rangle} - \Delta p^{n\langle r\rangle}_{\langle t\rangle} + \Delta p^{n\langle r\rangle}_{\langle t\rangle}\right] \tag{4-56}$$

初始的近似解可取下式：

$$\Delta p^{n\langle 0\rangle}_{\langle t\rangle} = 0 \tag{4-57}$$

在计算过程中，迭代的次数为 3～500，收敛准则形式如下：

$$\max_n \left|\Delta p^{n\langle r+1\rangle}_{\langle t\rangle} - \Delta p^{n\langle r\rangle}_{\langle t\rangle}\right| < 10^{-2}\left(\max_n \left|\Delta p^{n\langle r\rangle}_{\langle t\rangle}\right|\right) \tag{4-58}$$

4.3.2 饱和/非饱和流方程差分格式

对于饱和流，单元中节点的流量 $\{Q_z\}$ 与式(4-24)中的节点孔隙水压力 $\{p\}$ 有关，可用矩阵的形式表示：

$$\{Q_z\} = [M]\{p - \rho_f x_i g_i\} \tag{4-59}$$

式中　$[M]$——单元几何特征与饱和渗透系数的函数。

上式经过修正后可以推广应用到粗糙非饱和的土壤(孔隙水压力为常数,忽略毛细管压力),修正方法如下:

(1) 部分单元的非饱和流的计算可将重力项 $\rho_f x_i g_i$ 乘以平均饱和度 $\bar{s}$。

(2) 将节点流速乘以相对渗透系数 $\hat{k}$(相对渗透系数为单元平均饱和度 $\hat{s}$ 的函数),其表达式如下:

$$\hat{k}(\hat{s}_{\text{in}}) = \hat{s}_{\text{in}}^{2}(3 - 2\hat{s}_{\text{in}}) \tag{4-60}$$

(3) 节点流入量根据局部饱和度计算。

饱和/非饱和流流体连续性方程的显式差分离散格式可表示为:

$$\frac{\Delta p}{nM} + \frac{\Delta s}{s} = -\frac{1}{snV}\left[\left(Q_{\text{T}} + \sum Q_{\text{app}}\right)\Delta t + s\sum \alpha\Delta\varepsilon\frac{V_{\text{T}}}{4}\right] \tag{4-61}$$

式中　V_{T}——四面体体积。

对于饱和节点,$s=1$ 时,式(4-61)可表示为:

$$\Delta p = -\frac{M}{V}\left[\left(Q_{\text{T}} + \sum Q_{\text{app}}\right)\Delta t + \sum \alpha\Delta\varepsilon\frac{V_{\text{T}}}{4}\right] \tag{4-62}$$

对于非饱和节点,$p=0$ 时,式(4-61)可表示为:

$$\Delta s = -\frac{1}{nV}\left[\left(Q_{\text{T}} + \sum Q_{\text{app}}\right)\Delta t + s\sum \alpha\Delta\varepsilon\frac{V_{\text{T}}}{4}\right] \tag{4-63}$$

计算过程中采用了变量代换方法,在非饱和节点(孔隙水压力为0),饱和度变量利用式(4-63)计算。在饱和节点(饱和度为常量)用式(4-62)来计算孔隙水压力增量,从而实现流体体积流量平衡。

流体的显式时步是基于稳定性标准取的。该稳定性标准是利用饱和流体扩散系数 $c=KM$(K 为饱和渗透系数的最大值,M 为比奥模量)得出,与流体相关的时间值通常比地下水的特征时间值小得多。

4.3.3　力学时步差分格式

流体的存在将增大介质的体积模量,也将影响节点质量密度。流体本构方程的增量形式如下:

$$\Delta p = -\alpha M\Delta\varepsilon \tag{4-64}$$

采用弹性本构方程的增量形式来描述时间段内的应力-应变本构关系:

$$\frac{1}{3}\Delta\sigma_{ii} + \alpha\Delta p = K_{\text{b}}\Delta\varepsilon \tag{4-65}$$

将式(4-64)代入式(4-65)得到:

$$\frac{1}{3}\Delta\sigma_{ii} = (K_{\text{b}} + \alpha^{2}M)\Delta\varepsilon \tag{4-66}$$

4.3.4　总应力修正差分格式

在求解过程中首先计算节点孔隙水压力。单元孔隙水压力通过计算四面体的节点

孔隙水压力的几何平均值得到,有效应力计算产生的总应力增量的显式差分格式如下:

$$\Delta\sigma_{ii}^{f} = -\alpha\ \overline{\Delta p_{\langle t\rangle}^{n}}\sigma_{ij} \tag{4-67}$$

上划线表示取单元的几何平均值。

4.4 本章小结

水作用软岩巷道围岩控制需要从控制水对软岩的影响和控制软岩蠕变两个方面入手,为此本章建立了水岩耦合作用下软岩巷道围岩变形的流固耦合流变数学模型,根据 FLAC3D 原理,给出了有限差分格式。

5 FLAC3D 有限差分软件的二次开发与应用

5.1 引言

由于现场试验和室内试验的成本比较高，而且试验过程中存在一定的系统误差和人为误差，因此相比而言成本较低且计算精度较高的数值模拟成为学者们研究的重点。流固耦合的数值模拟方法主要包括有限单元法、有限差分法和离散单元法等，相应的计算软件为 ANSYS,FLAC 和 UDEC 等。另外，唐春安课题组开发了岩石破裂过程渗流与损伤耦合作用分析系统 RFPA，在工程中得到了广泛的应用。

本书利用有限差分软件 FLAC3D 开发了西原体蠕变模型，在此基础上对流固耦合作用下的软岩巷道变形规律及其控制效果进行了数值模拟研究，为现场的支护设计提供依据。

5.2 FLAC3D 软件简介

FLAC3D 软件是面向土木工程、交通工程、水利工程、石油工程、采矿工程和环境工程的通用岩土工程软件，是美国 ITASCA 软件产品中最知名的软件之一，目前在国际土木工程（尤其是岩土工程）界具有广泛影响和良好声誉。

该软件的求解计算过程如图 5-1 所示。FLAC3D 的求解方法是显式拉格朗日有限差分法，基于显式差分法来求解偏微分方程。该软件的求解过程：首先，将计算区域划分为差分网格，对某一节点施加荷载；在某一个微小的时间段内，作用在该节点的荷载仅对周围的若干节点存在影响；根据单元节点的速度变化和时间段 Δt 求出单元之间的相对位移，进而求得单元应变。然后，由单元材料的本构方程求解单元应力，随着时间的增长，这一求解过程扩展到整个模型计算范围，直到边界。最后，计算求得单元之间的不平衡力，然后将此不平衡力重新施加到各个节点上，再进行下一步的迭代运算，直到满足计算终止条件。求解过程中，如果某一时刻各个节点的速度已知，那么根据高斯定理求得单元的应变率，然后根据材料的本构方程求得单元的新的应力。几何方程的应变张量用增量形式可表示为：

$$\Delta \varepsilon_{ij} = \frac{1}{2}(\dot{u}_{i,j} + \dot{u}_{j,i})\Delta t \tag{5-1}$$

式中　$\Delta \varepsilon_{ij}$—— 应变增量；

$\dot{u}$—— 速度分量；

Δt—— 时步。

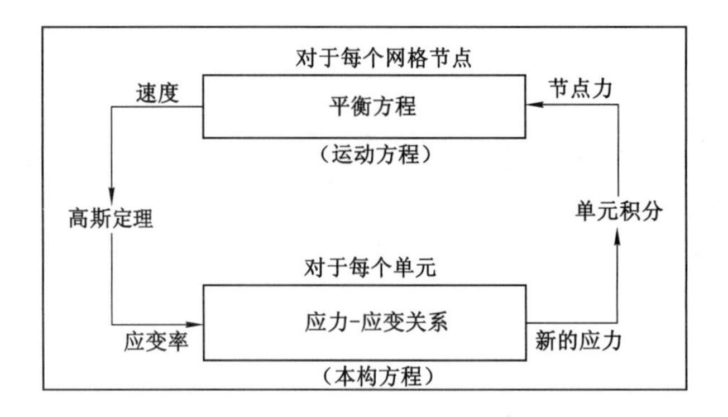

图 5-1　FLAC3D 显式快速拉格朗日计算原理

由式(5-1)可以看出：要得到 Δt 时段内的应变增量平均值 $\langle \Delta\varepsilon_{ij} \rangle$，首先要知道速度微分在单元上的平均值，即

$$\langle \Delta\dot{u}_{i,j} \rangle = A^{-1}\int_A \dot{u}_{i,j}\,\mathrm{d}A \tag{5-2}$$

式中　A——单元的面积。

对式(5-2)应用高斯定理，对于具有 N 条边的多边形单元，如图 5-2 所示，积分可写成对各边求和的形式，即

$$\langle \Delta\dot{u}_{i,j} \rangle = A^{-1}\int_A \dot{u}_i n_j\,\mathrm{d}S = A^{-1}\sum_N \langle \dot{u}_i \rangle n_j \Delta S_i \tag{5-3}$$

式中　ΔS_i——多边形第 i 条边的边长；

n_j——边的外法线方向余弦。

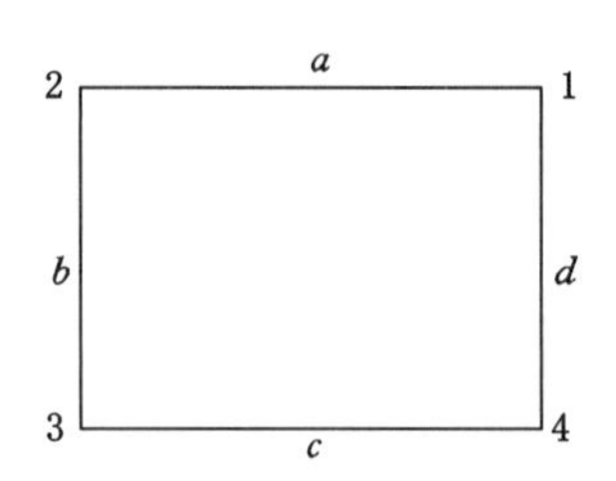

图 5-2　计算单元

根据材料的本构关系，$\Delta\sigma_{ij} = f(\Delta\varepsilon_{ij}, \sigma_{ij}, \cdots)$，可以得到单元在时步内的平均应力增量。

以上求解过程需要已知节点速度。为求得节点速度，需要运用连续介质的运动微分方程，即

$$\sigma_{ij,i} + \rho g_i - \rho\dot{u} = 0 \tag{5-4}$$

式中　ρ——介质的密度；

g_i——重力加速度分量。

将式(5-4)沿图5-3所示的积分路径进行积分得：

$$\rho \ddot{u}_i = V^{-1} \sum \langle \sigma_{ij} \rangle n_j \Delta S_i + \rho g_i \tag{5-5}$$

式中，$\langle \sigma_{ij} \rangle$ 表示应力在积分路径上的平均值，式中右边第一项中 $\sum \langle \sigma_{ij} \rangle n_j \Delta S_i$ 为某节点周围单元作用在该节点上的集中力 F，V 为积分路径所围成多边形的面积。

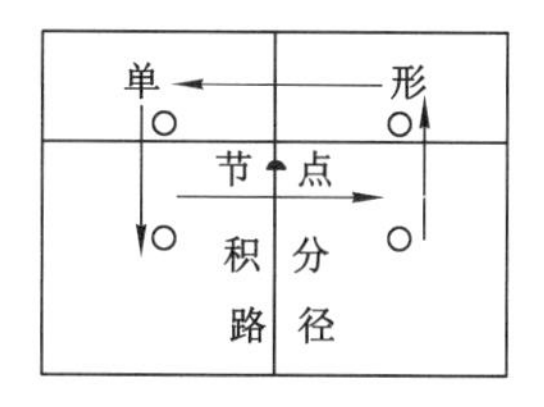

图5-3　运动方程积分路径

将式(5-5)变形得：

$$\ddot{u}_i = m^{-1} F + g_i \tag{5-6}$$

式中　m——积分路径所围成多边形面积的质量。

利用中心差分得到节点加速度和速度关系式为：

$$\dot{u}_i \left(t + \frac{\Delta t}{2}\right) = \dot{u}_i \left(t - \frac{\Delta t}{2}\right) + m^{-1} F_i(t) \Delta t + g_i \Delta t \tag{5-7}$$

按照以上思路，通过迭代求解可求出各个时步各单元(或节点)的应力、变形值，直至平衡。

5.3　FLAC3D软件的二次开发

5.3.1　西原体模型的有限差分格式

根据西原体模型本构关系，岩石的总的应变由弹性应变、黏弹性应变和黏塑性应变组成[124]，即

$$\varepsilon_{ij} = \varepsilon_{ij}^{e} + \varepsilon_{ij}^{Ve} + \varepsilon_{ij}^{Vp} \tag{5-8}$$

将式(5-8)写成应变偏量速率的形式：

$$\dot{e}_{ij} = \dot{e}_{ij}^{e} + \dot{e}_{ij}^{Ve} + \dot{e}_{ij}^{Vp} \tag{5-9}$$

式中　$\dot{e}_{ij}, \dot{e}_{ij}^{e}, \dot{e}_{ij}^{Ve}, \dot{e}_{ij}^{Vp}$——总偏应变的速率、胡克体的偏应变速率、黏弹性体(开尔文体)的偏应变速率、黏塑性体(宾厄姆体)的偏应变速率。

对于胡克体显然有：

$$S_{ij} = 2G^{e} e_{ij}^{e} \tag{5-10}$$

式中　S_{ij}——总的偏应力；

G^{e}——胡克体的体积模量。

开尔文体的偏应力由弹簧和黏壶两部分组成：

$$S_{ij} = 2\eta^{Ve} \dot{e}_{ij}^{Ve} + 2G^{Ve} e_{ij}^{Ve} \tag{5-11}$$

式中　G^{Ve}——开尔文体弹簧的剪切模量。

对于宾厄姆体有：

$$\dot{\varepsilon}_{ij}^{Vp} = \frac{\langle F \rangle}{2\eta^{Vp}} \frac{\partial g}{\partial \sigma_{ij}} \tag{5-12}$$

式中　$\langle F \rangle$——开关函数，F为屈服函数；

g——塑性势函数。

其应变速率偏量的形式为：

$$\dot{\varepsilon}_{ij}^{Vp} = \frac{\langle F \rangle}{2\eta^{Vp}} \frac{\partial g}{\partial \sigma_{ij}} - \frac{1}{3} \dot{\varepsilon}_{wl}^{Vp} \delta_{ij} \tag{5-13}$$

式中　$\dot{\varepsilon}_{vol}^{Vp}$——宾厄姆体的体积应变速率的偏量。

故宾厄姆体的总应变增量为：

$$\Delta\varepsilon_{ij}^{Vp} = \frac{\langle F \rangle}{2\eta^{Vp}} \frac{\partial g}{\partial \sigma_{ij}} \Delta t \tag{5-14}$$

在塑性力学中一般假定球应力不产生塑性变形，因而整个西原体模型的球应力速率可写成：

$$\dot{\sigma}_{m} = K^{e} \dot{e}_{vol}^{e} + K^{Ve} e_{vol}^{e} \tag{5-15}$$

式中　$\dot{\sigma}_{m}$——西原体模型的球应力速率；

K^{e}，$\dot{e}_{vol}^{e}$——胡克体的体积模量和球应力速率；

K^{Ve}，$\dot{e}_{vol}^{Ve}$——开尔文体的体积模量和球应力速率。

将岩石应变方程写成增量的形式：

$$\Delta e_{ij} = \Delta e_{ij}^{e} + \Delta e_{ij}^{Ve} + \Delta e_{ij}^{Vp} \tag{5-16}$$

采用中心差分，开尔文体偏应力方程差分形式为：

$$\bar{S}_{ij} \Delta t = 2\eta^{Ve} \Delta e_{ij}^{Ve} + 2G^{Ve} \bar{e}_{ij}^{Ve} \Delta t \tag{5-17}$$

式中　$\bar{S}_{ij}$，$\bar{e}_{ij}^{Ve}$——一个时间增量步内开尔文体的平均偏应力和平均偏应变。

同理，胡克体偏应力方程的差分格式为：

$$\bar{S}_{ij} \Delta t = 2G^{e} \bar{e}_{ij}^{e} \Delta t \tag{5-18}$$

式中，

$$\bar{S}_{ij} = \frac{S_{ij}^{N} + S_{ij}^{O}}{2} \tag{5-19}$$

$$\bar{e}_{ij} = \frac{e_{ij}^{N} + e_{ij}^{O}}{2} \tag{5-20}$$

字母上标大写的N和O分别表示一个时间增量步内新的量值和旧的量值。将式(5-19)和式(5-20)代入式(5-17)得到：

$$e_{ij}^{\mathrm{Ve,N}} = \frac{1}{A}\left[Be_{ij}^{\mathrm{Ve,O}} + \frac{\Delta t}{4\eta^{\mathrm{Ve}}}(S_{ij}^{\mathrm{N}} + S_{ij}^{\mathrm{O}})\right] \tag{5-21}$$

$$A = 1 + \frac{G^{\mathrm{Ve}}\Delta t}{2\eta^{\mathrm{Ve}}} \tag{5-22}$$

$$B = 1 - \frac{G^{\mathrm{Ve}}\Delta t}{2\eta^{\mathrm{Ve}}} \tag{5-23}$$

将式(5-19)和式(5-22)代入式(5-17)得到：

$$S_{ij}^{\mathrm{N}} = \frac{1}{a}\left[\Delta e_{ij} - \Delta e_{ij}^{\mathrm{Vp}} + bs_{ij}^{\mathrm{Vp,O}} - \left(\frac{B}{A} - 1\right)e_{ij}^{\mathrm{Ve,O}}\right] \tag{5-24}$$

式中，

$$\begin{cases} a = \dfrac{1}{2G^{\mathrm{e}}} + \dfrac{\Delta t}{4A\eta^{\mathrm{Ve}}} \\ b = \dfrac{1}{2G^{\mathrm{e}}} - \dfrac{\Delta t}{4A\eta^{\mathrm{Ve}}} \end{cases} \tag{5-25}$$

5.3.2　西原体模型 FLAC3D 程序开发

FLAC3D 在 V2.1 版本中提供了包括 Burgers 模型在内一共 8 个流变模型，这些模型均有其特定的使用范围，但是并未直接提供土木工程常用的流变模型[125-130]和一些比较符合实际工程材料的流变模型[131-133]，在一定程度上影响了 FLAC3D 的广泛应用。本书在研究中认为西原体模型能够更好地反映研究区域的岩石变形特征，需要利用 FLAC 平台进行开发，以实现西原体模型的数值计算。

FLAC 采用面向对象的 C＋＋语言编写而成，在 V2.1 版本中整个软件结构进行了重新调整，其所有的本构模型都以动态连接库文件(后缀名为.dll)的形式提供给用户。在计算过程中主程序会自动调用用户指定本构模型的动态链接库 dll 文件。同时该软件的一大改进是用户可以在 VC6.0 的条件下将自定义的本构模型编译成动态链接库 dll 文件，再由主程序调用并执行[134]。

二次开发流程如下：

xiyuan 模型的开发是在 Visual Studio 2008 环境中进行的，主要包括 Visual Studio 2008 的环境设置及.h 文件和.cpp 文件的修改。开发过程中 UDM 解决方案中的其他文件(包括坐标轴头文件 AXES.H 和本构模型结构体头文件 Conmodel.h)不需要修改。

本书开发的西原体模型为黏弹塑性模型，而且塑性修正是按照莫尔-库仑准则进行的，所以选择 cvisc 模型作为 xiyuan 模型本构开发的蓝本。Visual Studio 环境设置流程如图 5-4 所示。

5.3.3　西原体模型使用说明

命令的总体结构同 FLAC3D 3.00-261 保持一致，仅将区别其他 FLAC3D 自带蠕变模型区别之处进行说明，见表 5-1。

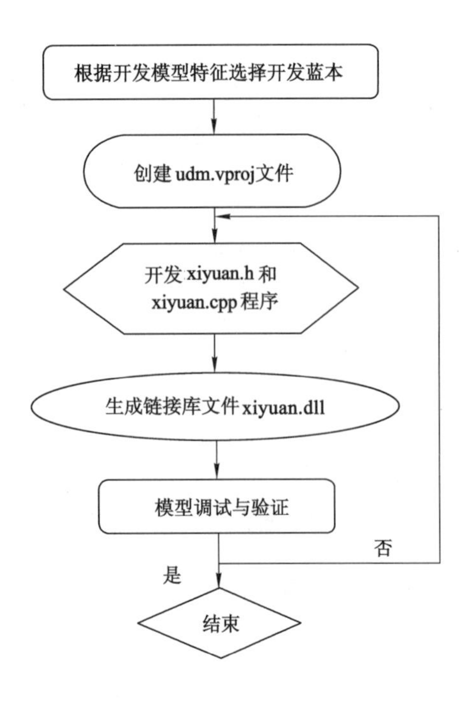

图 5-4　Visual Studio 环境设置流程

表 5-1　西原体模型命令流关键词

命令流关键词		说明
Config cppudm		激活自定义模块
Load xiyuan. dll		加载自定义模型
Config creep/model xiyuan		调用西原体蠕变模型
Property	dBulk	弹性体积模量
	dShear	弹性剪切模量
	dKbulk	开尔文体体积模量
	dKshear	开尔文体剪切模量
	dKviscosity	开尔文体黏性系数
	dBviscosity	宾厄姆体黏性系数
	dCohesion	凝聚力
	dFriction	内摩擦角
	dTension	抗拉强度

5.3.4　西原体模型算例验证

为了对开发好的西原体模型进行测试，本书采用单轴蠕变试验的数值模拟来验证开发模型的正确性。西原体模型的参数见表5-1。

计算模型尺寸采用5×5×10的brick单元，底面为竖直方向的位移约束，模型顶部受分级荷载作用，计算中的最大不平衡力比为默认的1×10^{-5}。蠕变程序主要语句如下，其中第二行和第三行为FLAC3D二次开发必须设置的命令。

```
n
config cppudm
model load xiyuan. dll
gen zone brick size 5 5 10
title
  Creep Test of xiyuan models
config creep
model xiyuan
                ⋮
plot hist -2 mark -3 mark -4 skip 2 vs 5 ymin 0
plot show
ret
```

由图5-5可知：有利于开发的西原体模型模拟的单轴蠕变曲线与理论形式非常吻合。

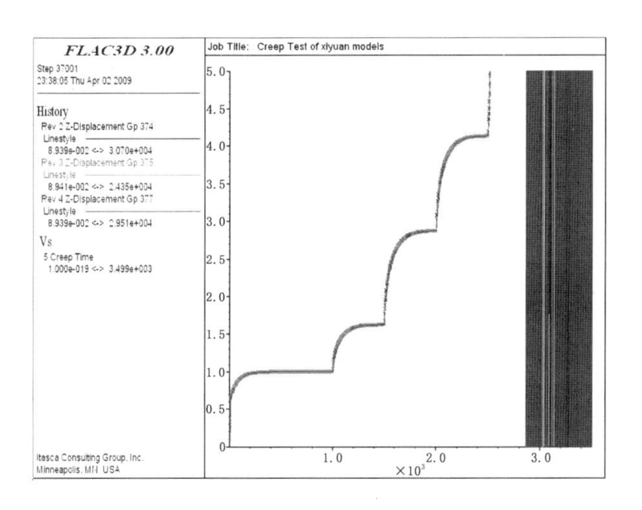

图5-5 西原体模型验证蠕变曲线

图5-6为进入塑性后的蠕变曲线，图5-6(a)和图5-6(b)的区别是改变了宾厄姆黏性系数，以验证塑性元件是否被成功激活。图5-7为数值模拟结果与实验室物理模拟结果对比，其数值结果与试验结果吻合较好，表明开发的西原体模型计算结果是正确的。

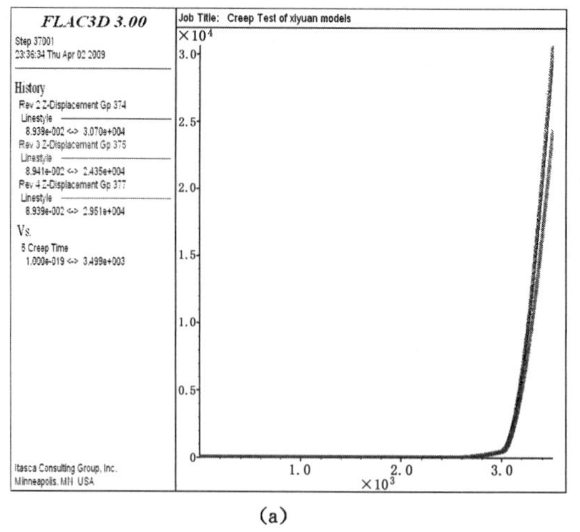

(a)

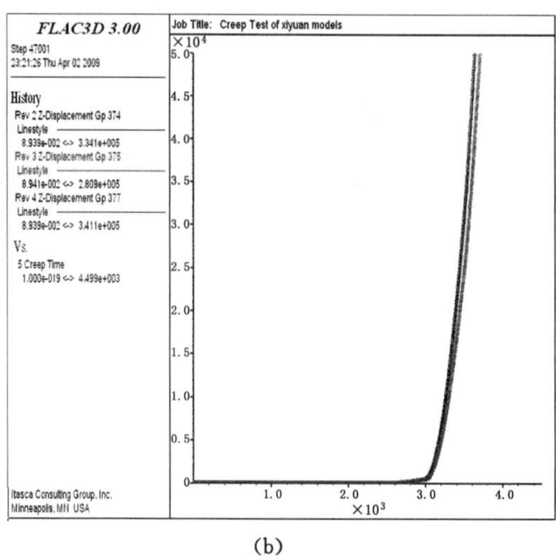

(b)

图 5-6 软岩进入塑性后的蠕变曲线

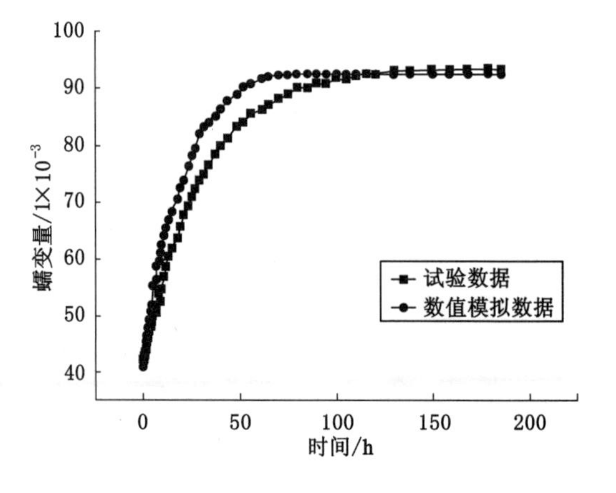

图 5-7 数值模拟与实验室物理模拟结果对比

5.4　流固耦合流变模型数值实现

基于 FLAC3D 软件平台，利用其内置的 Fish 语言编制相应的程序实现对等效连续介质水岩耦合模型的求解。

在 FLAC3D 中，当开始一个力学平衡、流动力学准静态耦合模拟时包含了一系列计算步。每一循环包含流体计算和力学计算，每一循环结束时根据岩石应变量计算出岩石等效渗透系数，再将计算得出的等效渗透系数重新赋给模型每个单元。

流体流动产生的孔隙水压力增量在流动循环中计算；体积应变在力学循环中作为模型计算单元的值被计算，然后再分配到各节点上。有效应力的计算：由力学体积应变变化引起孔隙水压力的升高而形成的总应力增量在力学循环中计算，而由流体流动引起孔隙水压力的升高而形成的总应力增量在流动循环中计算。

基于 FLAC3D 软件的等效连续介质水岩耦合数学模型计算过程如图 5-8 所示。

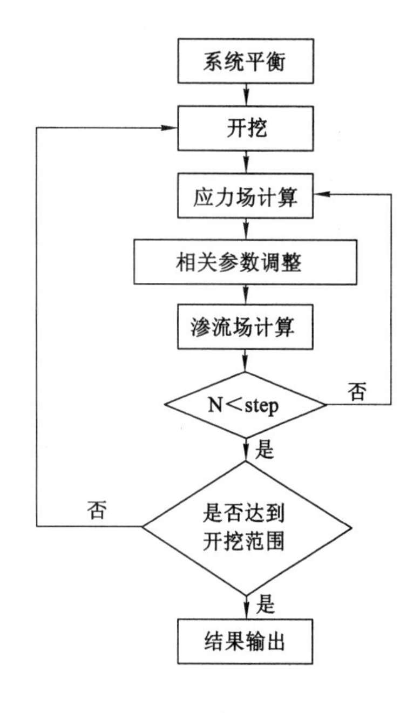

图 5-8　模型计算过程

基于上述流固耦合方程和西原体流变模型的耦合模型，有利于 FLAC3D 软件平台进行数值计算。计算中选取各向同性渗流模型，采用渗流模式计算，分不耦合计算[图 5-9(a)]和全耦合计算[图 5-9(b)]两种情况，根据计算目的和要求进行选择。

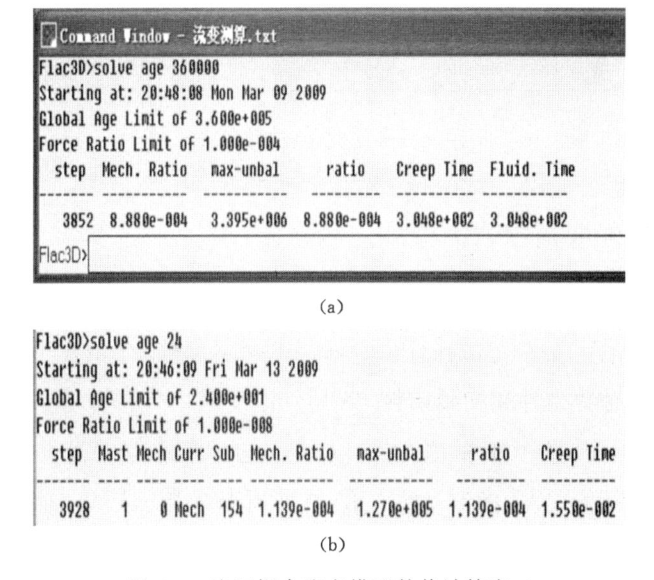

图 5-9　流固耦合流变模型数值计算窗口

5.5 水岩耦合作用软岩巷道变形规律的数值模拟研究

5.5.1 研究区域概况

内蒙古自治区红庙煤矿为我国传统的软岩矿井，如图 5-10 所示，六区 324 回风总排巷道的 1 号地区为主要灾害巷道，巷道平均埋深 400 m，煤层倾角为 5°～8°。自 2004 年巷道掘成以来，几乎每年都要进行返修，严重影响矿井的安全、高效生产；六区胶带下山巷道的 2 号地区为课题研究时段巷道掘进工作面。研究区域的钻孔柱状图如图 5-11 所示。

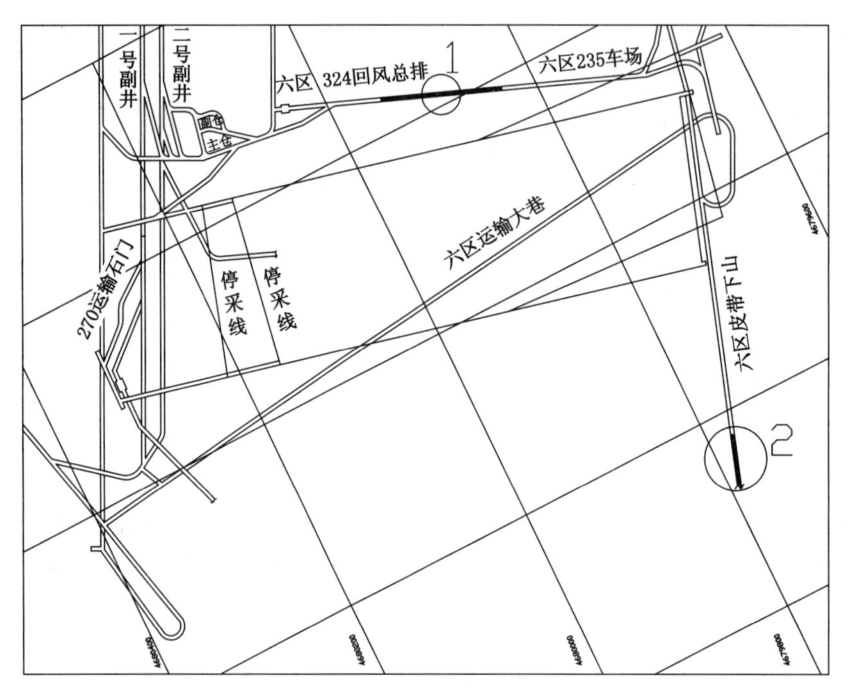

图 5-10 研究区域巷道布置

5.5.2 水对软岩巷道围岩力学响应的影响

根据上述区域概况建立数值模型，某矿软岩巷道埋深约 400 m，侧压力系数为 1.2，模型尺寸为 40 m×40 m×5 m，共计 29 600 个单元，33 275 个节点，如图 5-12 所示。

5.5.2.1 模型的边界条件和初始条件

边界条件按剖面所处位置的应力条件确定。边界条件为：水平方向上左、右两侧取水平位移约束边界($u_x=0$)，水平方向上前、后两侧取水平位移约束边界($u_y=0$)，下边界取垂直位移约束边界($u_z=0$)，上边界(地表)为自由边界。渗流边界为不透水边界。由于研究区域范围不大，可以认为研究区域处于均匀分布的应力场中，并且认为岩石中

层序	柱状	厚度/m	密度/(kg/m³)	抗压强度/MPa	岩 性
1		15.1	2 200	28.3	泥质粉砂岩
2		3.0	2 330	18.5	砂质泥岩
3		2.0	2 330	21.4	粉砂岩
4		2.4	2 520	38.5	细砂岩
5		3.9	2 520	36.8	粉砂岩
6		12.9	2 410	11.5	泥岩
7		2.8	2 380	29.7	粉砂岩
8		1.8	2 380	36.7	粉砂岩
9		2.0	2 430	18.3	碳质泥岩
10		2.6	2 430	38.5	砂质泥岩或砂岩
11		2.3	1 300	4.8	6-1煤层
12		4.0	2 430	37.5	粉、细砂岩

图 5-11 研究区域钻孔柱状图

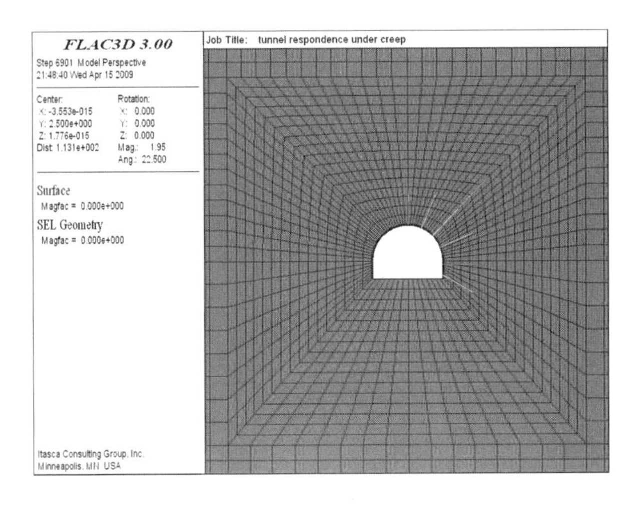

图 5-12 数值模型

不存在构造应力，则岩石中的应力主要由上覆岩石的重力和孔隙水压力引起，垂直应力和水平应力由下式求得：

$$\sigma_z = -(\rho_d + n\rho_w)gh \tag{5-26}$$

$$\sigma_x = \sigma_y = -\left\{\frac{\mu}{1-\mu}\rho_d\left[\frac{\mu}{1-\mu}(n-1)+1\right]\rho_w\right\}gh \tag{5-27}$$

式中 ρ_d——岩石干密度。

ρ_w——水的密度。

μ——岩石的泊松比。

h——单元体所在埋深，巷道埋深约为 400 m，换算成垂直应力为 8.8 MPa，由地应力测试结果，侧压力系数取 1.2，取 x 方向和 y 方向应力相同；流固耦合以全耦合的方式进行流固耦合计算。

5.5.2.2 模型参数选取

红庙煤矿矿井典型煤岩参数测试结果及模型材料的力学参数见表5-2，根据第3章的岩石浸水软化规律对围岩的强度参数进行修正，并在巷道掘进过程中采用Fish语言改变围岩的渗透性。西原体模型的黏塑性参数见3.4节。

水压力的演化规律是进行水岩耦合作用规律研究的重要内容，它是煤矿安全生产及地下水资源的合理开发、利用和保护的关键。开挖巷道过程中，孔隙水压力变化等值线分布表明：巷道掘进初期孔隙水压力变化幅度较小，巷道上覆岩层含水层水压力变化较小。随着掘进量的增加，矿山压力重新分布，巷道上方孔隙水压力急剧升高。随着覆岩破坏和形成导水裂隙，岩层所含水沿裂隙通道向围岩松动区流动，水量不断流失，含水层内孔隙水压力逐渐降低，如图5-13所示。

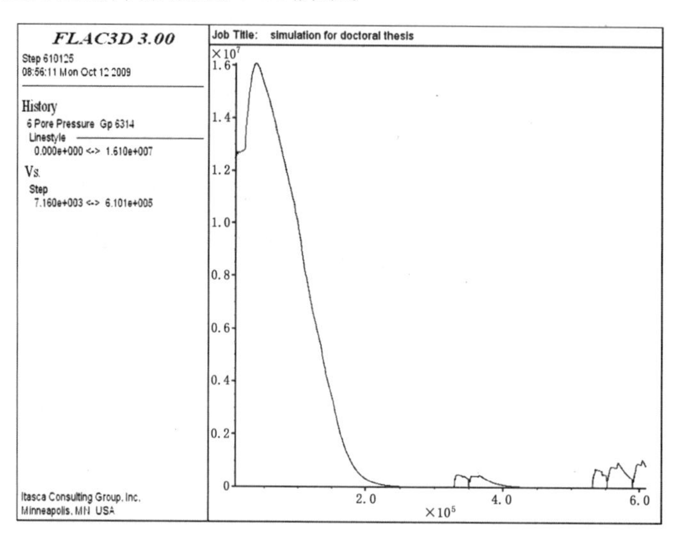

图5-13 含水层内孔隙水压力曲线

图5-14为巷道开挖后孔隙水压力云图，可以看出：应力集中区域孔隙水压力增大，巷道周边围岩松动圈内孔隙水压力消失或产生孔隙负压。

另外，对相同条件的软岩巷道进行了考虑水岩耦合作用和不考虑水岩耦合作用两种情况下的数值模拟，结果如图5-15至图5-19所示。模拟结果表明：在孔隙水压力作用下，最大位移增大(32.758－26.696)/26.696＝22.7%，水平位移增大(26.07－22.877)/22.877＝13.9%。从围岩的竖直应力云图、水平应力云图和剪应力云图可以看出：水岩耦合作用下软岩巷道的自承能力减弱；在竖直应力云图中，水岩耦合作用下软岩巷道与不考虑水岩耦合作用软岩巷道围岩集中应力比值为$\frac{3.1886}{3.2427}\times100\%=98\%$；水平应力云图中两者的比值为$\frac{3.4299}{3.5624}\times100\%=96\%$；在剪应力云图中两者的比值为$\frac{1.3164}{1.3353}\times100\%=98.6\%$。

表 5-2 数值模型参数

岩石名称	真密度 ρ_d /(kg/m³)	天然视密度 ρ /(kg/m³)	天然含水率 w/%	孔隙率 e /%	孔隙比 n	抗拉强度 σ_t /MPa	抗压强度 σ_c /MPa	坚固性系数 f	弹性模量 E /×10³ MPa	泊松比 μ	凝聚力 C /MPa	内摩擦角 φ /(°)	膨胀应力 σ /MPa	膨胀率 /%
5-1 煤层顶板(3)灰白色砂岩	2 317	2 179	10.08	14.57	0.171	0.72	20.0	2.0	10.6	0.18	2.8	47	0.07	2.3
5-1 煤层顶板(2)灰色砂泥岩	2 370	2 174	10.40	16.91	0.204	0.50	9.6	0.6	2.0	0.23	1.3	48	0.38	8.9
5-1 煤层顶板(1)灰色砂泥岩	2 263	2 244	10.83	10.53	0.118	0.85	19.1	2.1	5.1	0.24	2.5	42	0.69	13.8
5-1 煤	1 340	1 270	35.53	30.07	0.430	0.57	9.5	1.3	4.2	0.12	1.5	42		
5-2 煤	1 408	1 315	31.98	29.24	0.413	0.47	4.8	1.2	3.1	0.13	1.2	31		
5-2 煤层底板灰色砂泥岩	2 491	2 369	0.94	5.78	0.061	0.88	23.5	0.8	10.3	0.20	2.8	43	0.86	16.5
5-3 煤	1 350	1 272	35.59	30.51	0.439	0.51	7.2	1.4	3.8	0.12	1.8	38		
5-3 煤层底板白色泥质砂岩	2 240	2 124	1.70	6.76	0.073	1.50	20.4	1.8	9.0	0.19	3.0	44	0.46	9.8
6-1 煤层顶板灰色砂泥岩	2 340	2 241	4.23	6.68	0.072	0.64	14.1	2.5	1.8	0.22	2.0	48	1.13	23.6
6-1 煤	1 368	1 294	31.77	28.22	0.393	0.89	10.1	1.1	5.1	0.11	2.2	37		
6-1 煤层底板灰色砂泥岩	2 256	2 146	7.68	11.66	0.132	0.96	13.0	1.6	7.7	0.25	2.2	44	0.98	20.6
6-2 煤	1 356	1 292	33.41	28.58	0.400	0.67	12.1	1.2	5.2	0.11	1.8	45		
6-2 煤层底板粗砂岩	2 327	2 162	4.80	11.35	0.128	0.66	8.8	0.5	4.9	0.15	1.4	46	0.14	4.6
6-3 煤	1 315	1 220	38.09	32.82	0.489	0.43	11.2	1.1	5.3	0.11	1.8	46		
6-3 煤层底板白砂岩	2 445	2 245	0.65	8.77	0.096	2.34	39.1	2.0	26.6	0.17	7.0	47	0.04	1.4

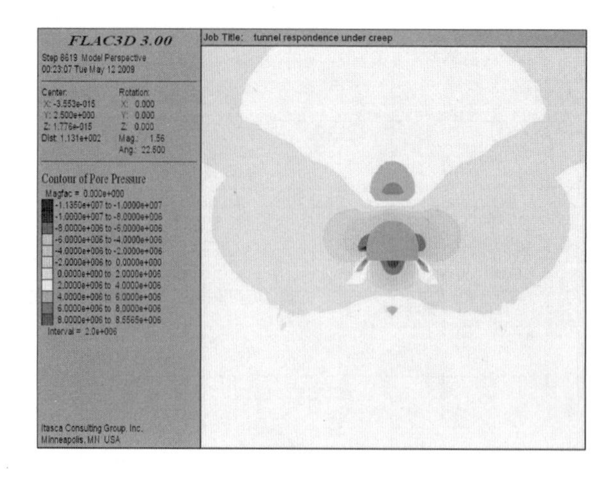

图 5-14 孔隙水压力云图

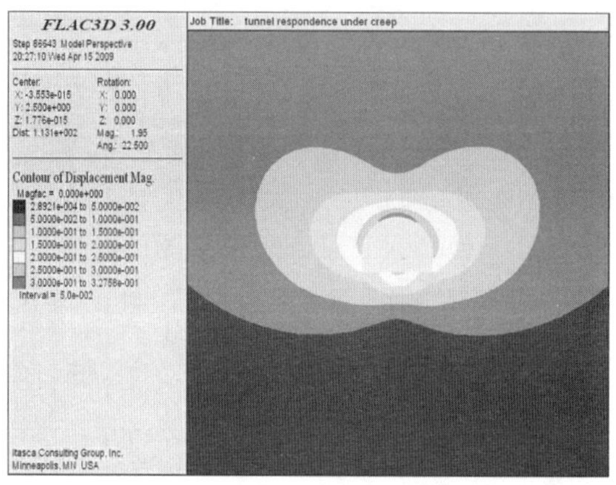

(a) 考虑水岩耦合作用

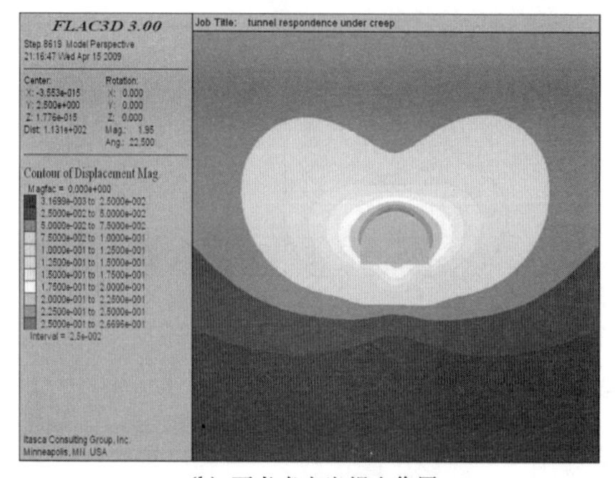

(b) 不考虑水岩耦合作用

图 5-15 最大位移云图

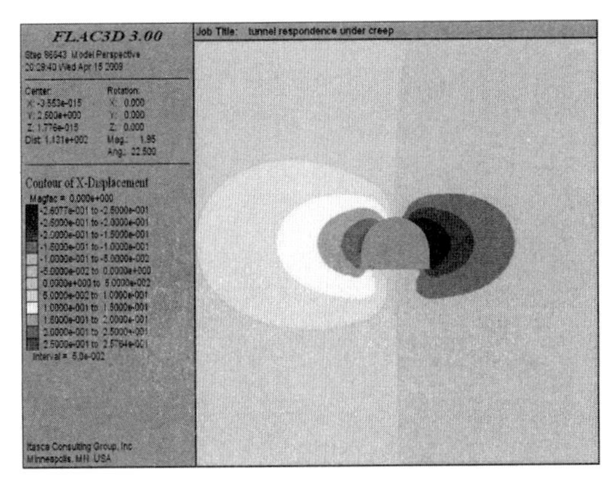

(a) 考虑水岩耦合作用

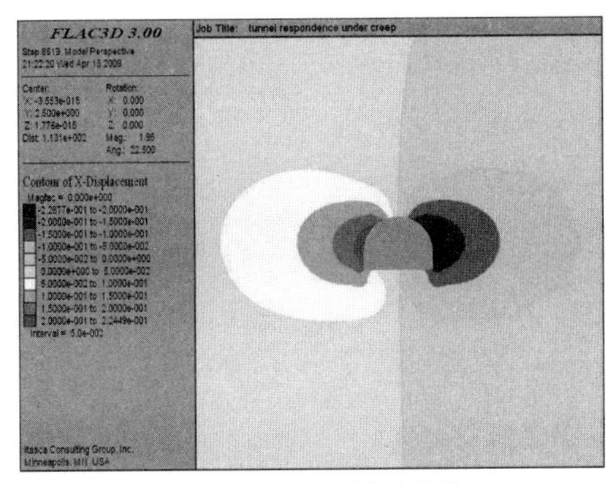

(b) 不考虑水岩耦合作用

图 5-16　水平方向位移云图

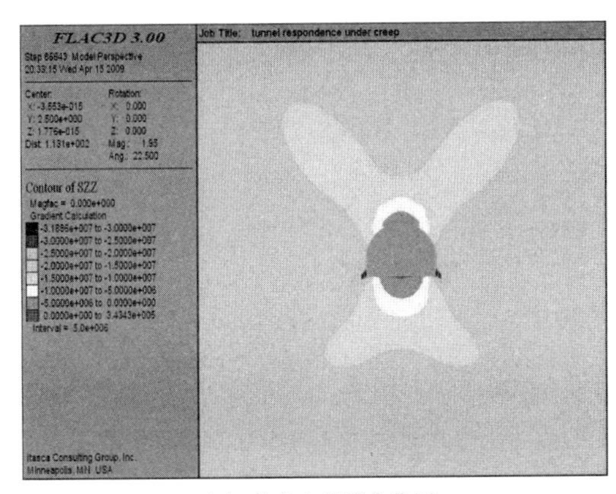

(a) 考虑水岩耦合作用

图 5-17　竖直方向应力分布

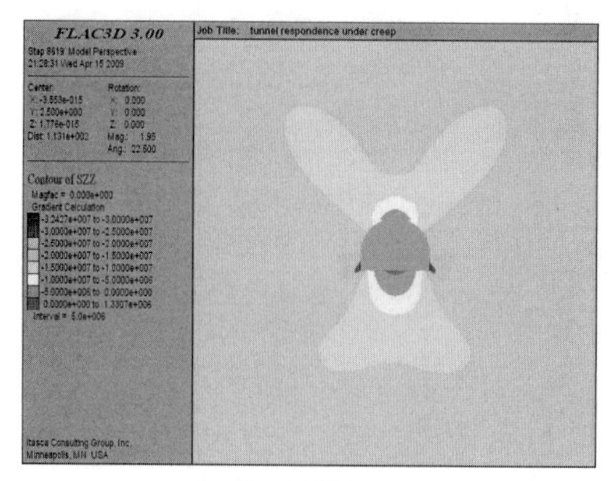

(b) 不考虑水岩耦合作用

图 5-17(续)

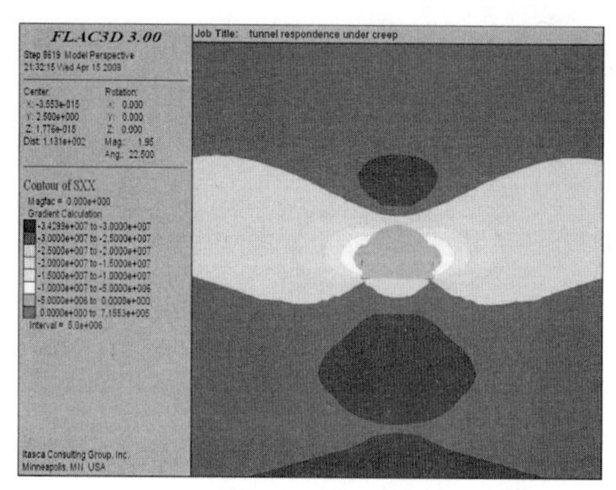

(a) 考虑水岩耦合作用

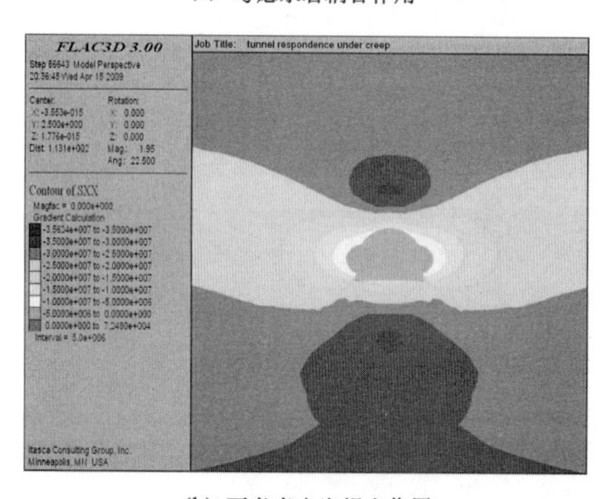

(b) 不考虑水岩耦合作用

图 5-18　水平方向应力分布

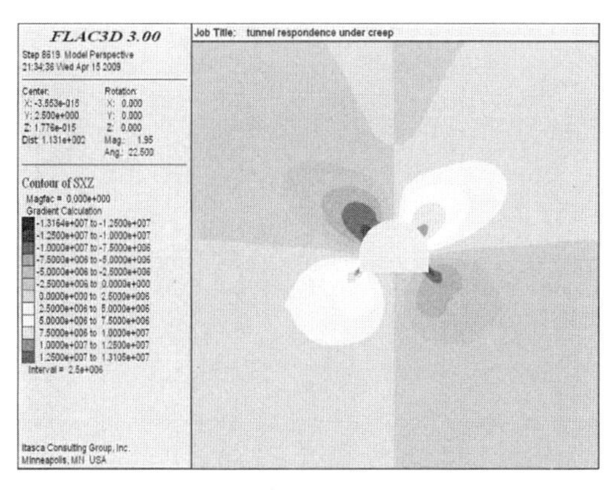

(a) 考虑水岩耦合作用

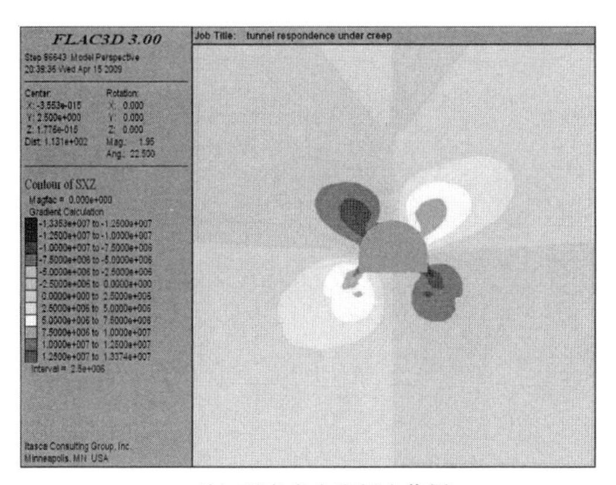

(b) 不考虑水岩耦合作用

图 5-19 剪应力分布云图

5.5.3 水岩耦合作用下软岩巷道围岩应力场演化规律

本节以红庙煤矿六采区回风巷道 2 号区域(图 5-10)巷道为工程背景,进行数值模拟研究。巷道埋深 400 m,考虑巷道的对称性,对 1/2 区域进行建模分析。模型尺寸为 20 m×30 m×40 m,共划分为 44 400 个结构单元,47 957 个单元节点。数值模型及空间坐标如图 5-20 所示,其中 y 轴方向为巷道掘进方向,研究围岩的应力场演化规律和位移场演化规律均用此模型。

边界条件及参数选取等同 5.5.2 节。模拟巷道共计掘进 30 m,分 6 步进行,每步 5 m。图 5-21 为巷道掘进过程中围岩塑性区分布图,从图中可见该区域巷道塑性区范围从大到小的顺序依次为底板、顶板、帮部,且塑性区范围较大。

图 5-22 为巷道围岩最大位移云图。图 5-23 为巷道围岩 x 轴方向位移云图。图 5-24、图 5-25 和图 5-26 为巷道掘进过程中巷道围岩应力场的分布特征,从图中可见巷道围岩的应力集中区域为巷道斜上方和自巷道底角向内的底板处。

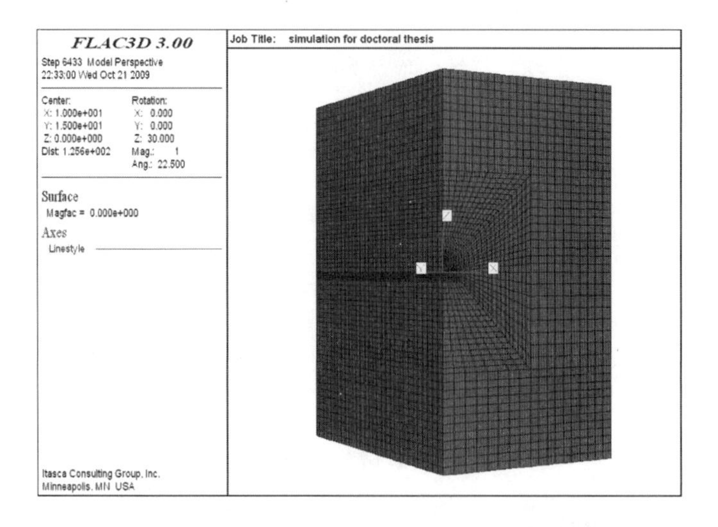

图 5-20　数值模型

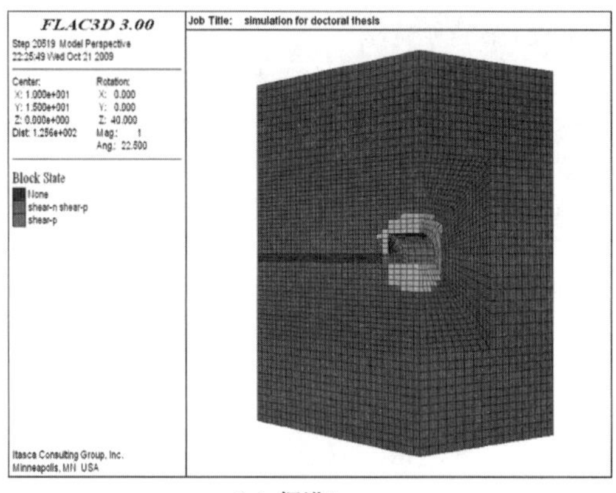

(a) 掘进5 m

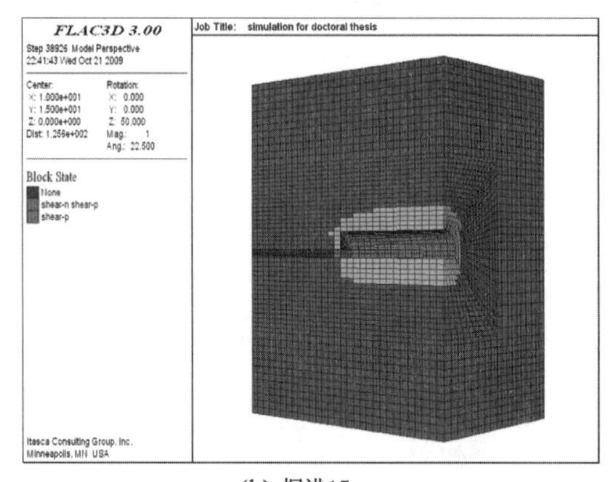

(b) 掘进15 m

图 5-21　巷道围岩塑性区分布图

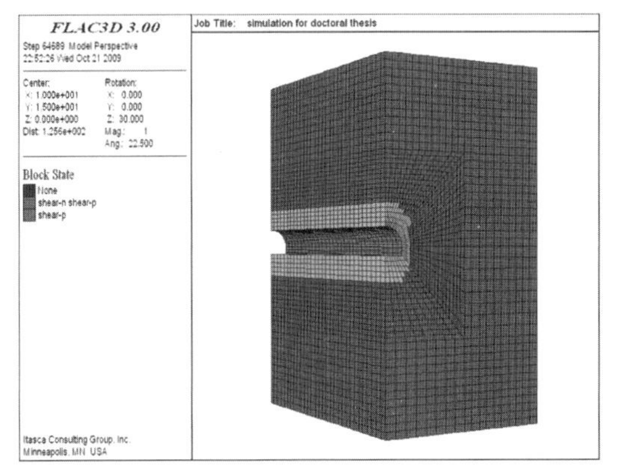

(c) 掘进30 m

图 5-21(续)

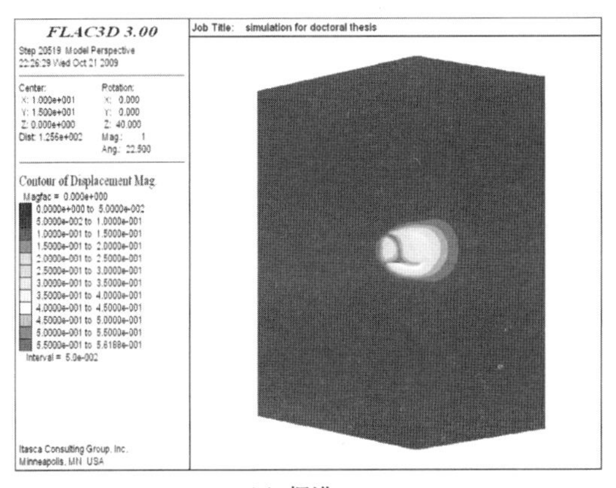

(a) 掘进5 m

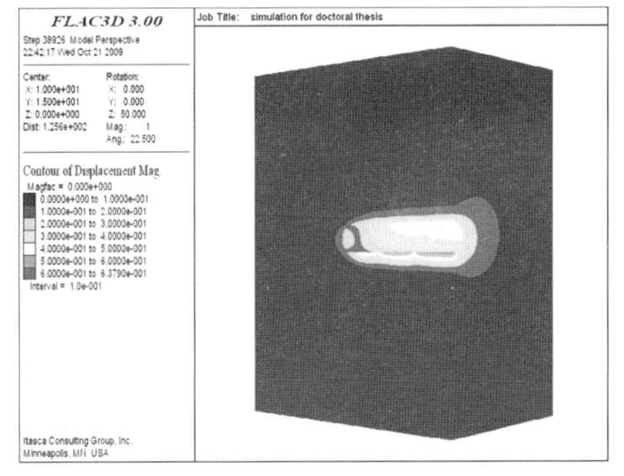

(b) 掘进15 m

图 5-22　巷道围岩最大位移云图

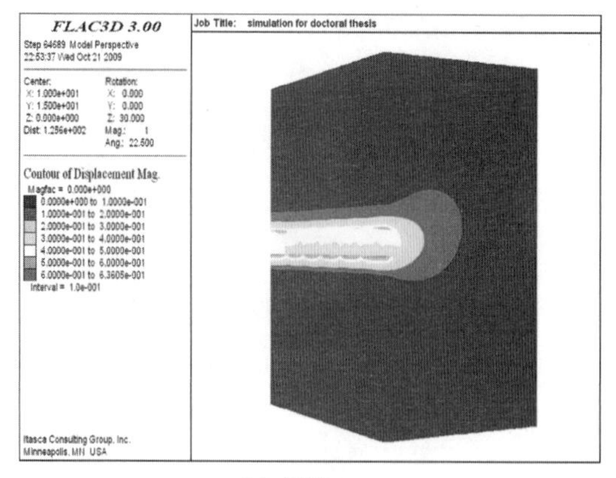

(c) 掘进30 m

图 5-22(续)

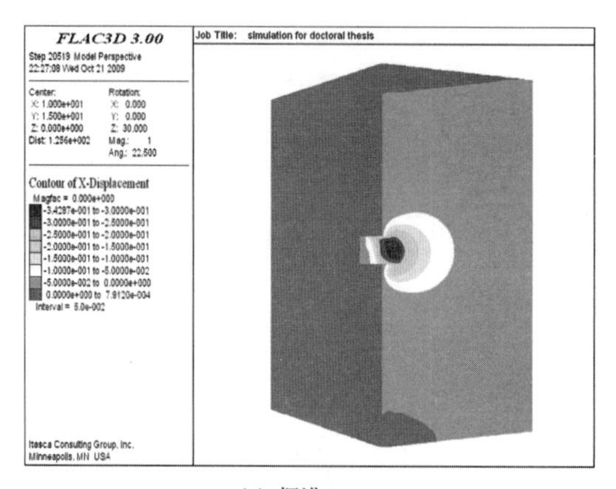

(a) 掘进5 m

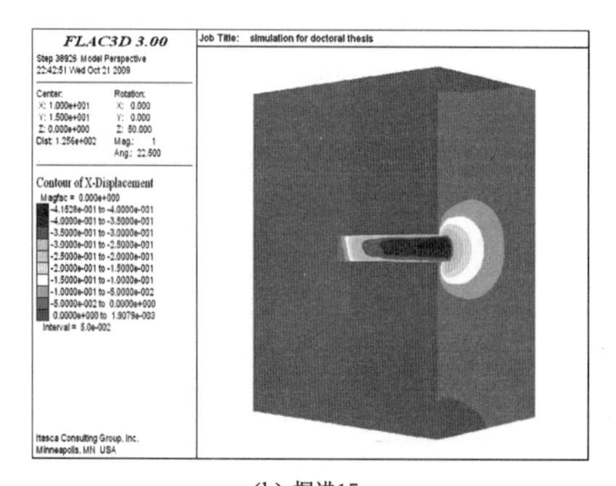

(b) 掘进15 m

图 5-23　巷道围岩 x 轴方向位移云图

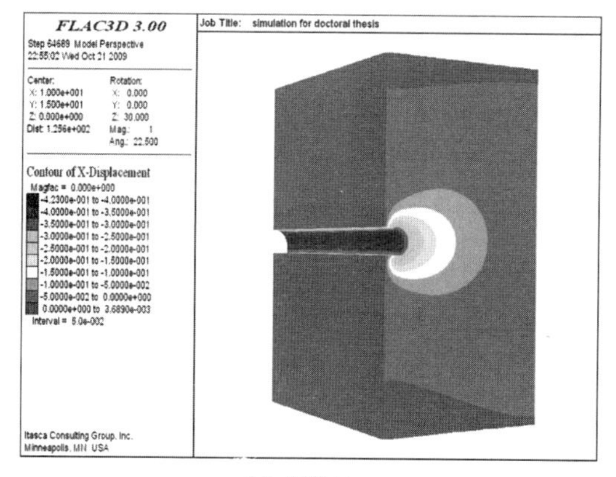

(c) 掘进30 m

图 5-23(续)

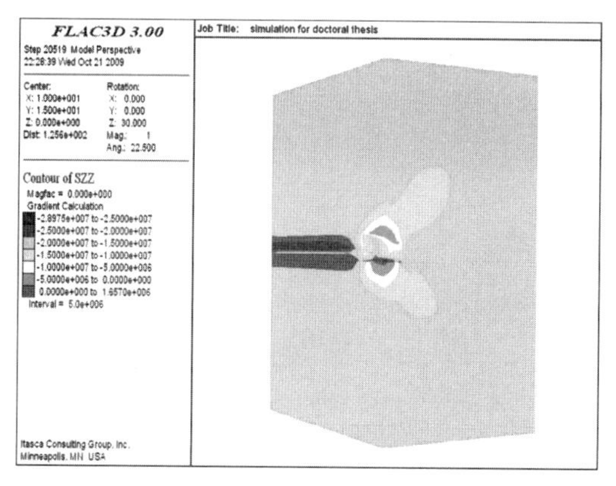

(a) 掘进5 m

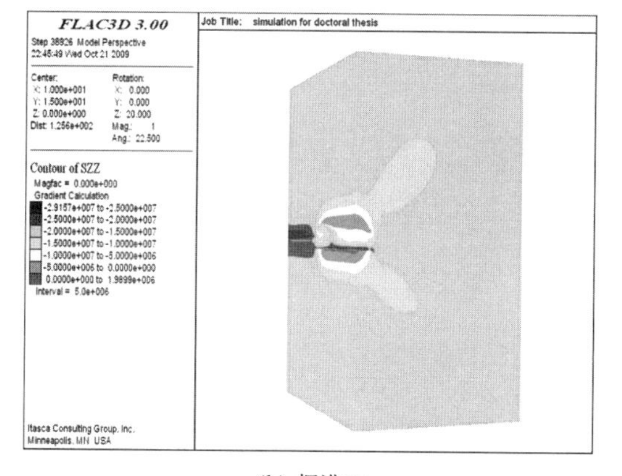

(b) 掘进15 m

图 5-24　巷道围岩竖直方向应力云图

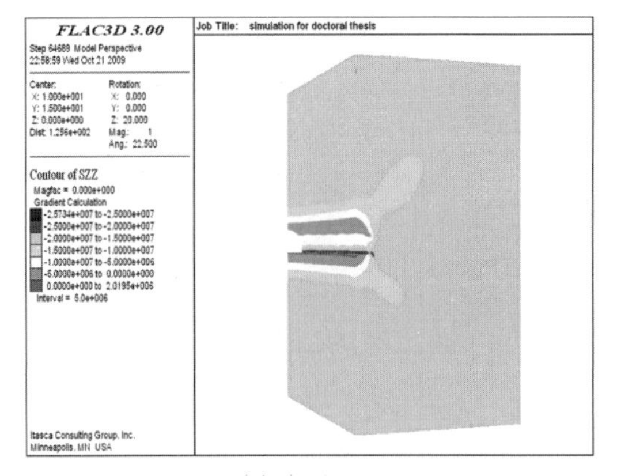

（c）掘进30 m

图 5-24（续）

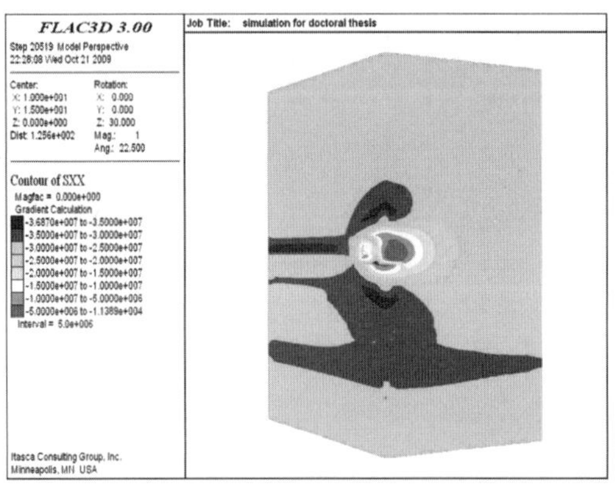

（a）掘进5 m

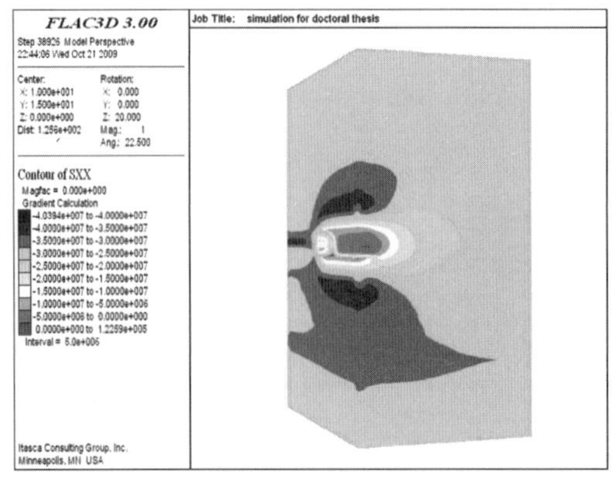

（b）掘进15 m

图 5-25　巷道围岩 x 轴方向应力云图

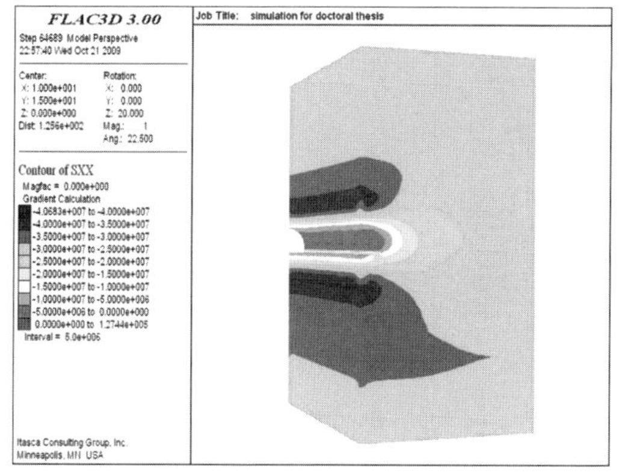

（c）掘进30 m

图 5-25(续)

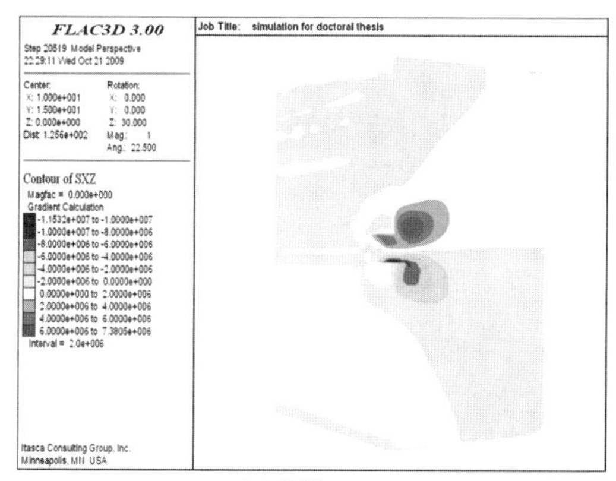

（a）掘进5 m

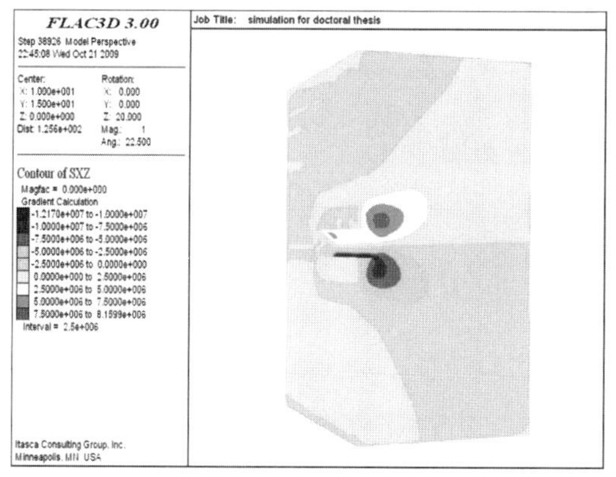

（b）掘进15 m

图 5-26　巷道围岩剪应力云图

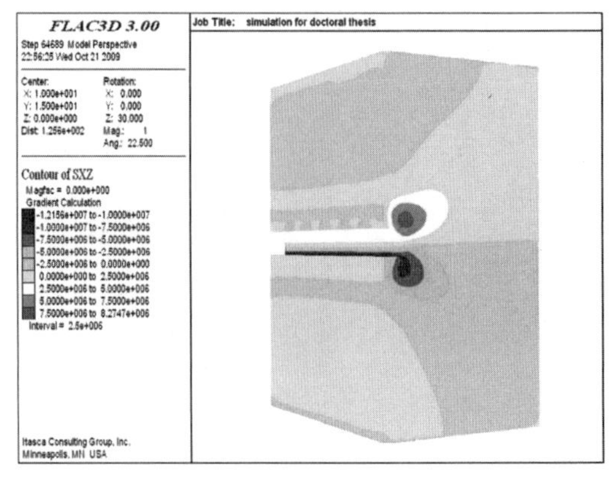

(c) 掘进30 m

图 5-26(续)

5.5.4 水岩耦合作用下软岩巷道围岩位移场演化规律

对巷道围岩位移场的数值模拟结果包括位移云图和测点位移曲线。位移云图如图 5-22和图 5-23 所示，巷道围岩最大位移为 63.79 cm。位移测点布置图如图 5-27 所示。在模型中，沿着巷道掘进方向在 $y=5$ m 和 $y=15$ m 处设置监测面，在监测面的顶板、底板和巷道帮部分别布置监测点。对于监测面 2($y=15$ m)，图中 A,B,C,D 为顶板位移监测点，对应于 FLAC3D 软件程序中的监测点 hist14，hist12，hist10 和 hist9，其坐标分别为 $A(0.1,15,3)$，$B(0.1,15,4)$，$C(0.1,15,7)$，$D(0.1,15,11)$。A_1，B_1，C_1 和 D_1 为底板监测点，对应于 FLAC3D 软件程序中的监测点 hist27，hist28，hist30 和 hist32，其坐标分别为 $A_1(0.1,15,-3)$，$B_1(0.1,15,-4)$，$C_1(0.1,15,-7)$，$D_1(0.1,15,-11)$。A_2，B_2，C_2 和 D_2 为巷道帮部监测点，对应于 FLAC3D 软件程序中的监测点 hist45，hist46，hist47 和 hist48，其坐标分别为 $A_2(3,15,0)$，$B_1(4,15,0)$，$C_1(5,15,0)$，$D_1(7,15,0)$。

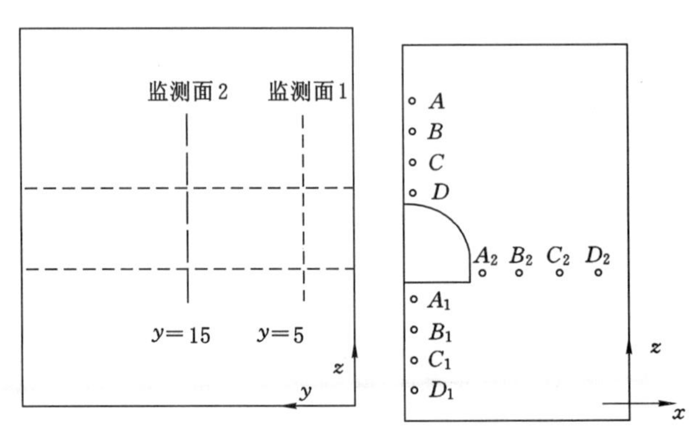

图 5-27　位移测点布置图

图 5-28 为掘进全程的顶板测点位移变化曲线。图 5-29 为巷道右帮测点位移变化曲线。

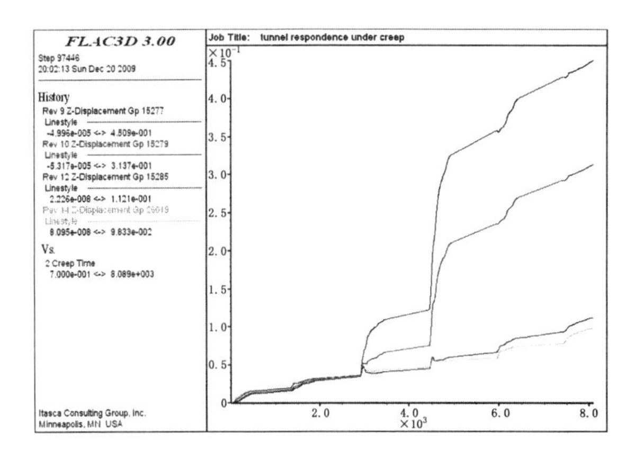

图 5-28　顶板测点位移变化曲线

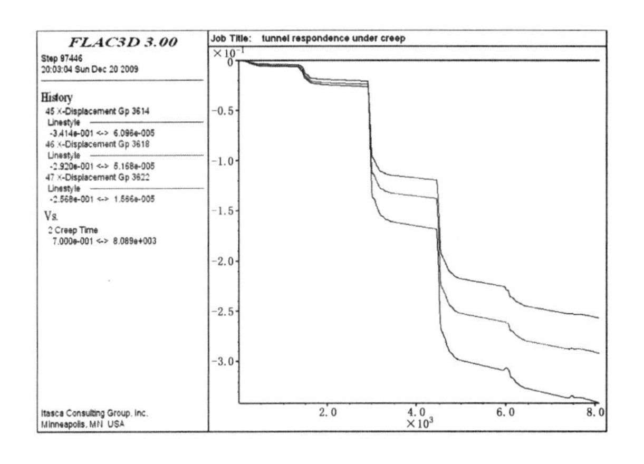

图 5-29　右帮测点位移变化曲线

5.5.5　水岩耦合作用下软岩巷道控制效果的数值模拟

5.5.5.1　控制方法数值模拟

就目前的巷道支护技术而言，需要数值模拟的支护方式有锚杆支护、锚索支护、金属网、喷混凝土和注浆加固等。锚杆、锚索采用预应力全长锚固形式，通过调整浆体参数模拟锚杆（索）的托盘，如图 5-30 和图 5-31 所示。

金属网和喷混凝土通过 FLAC3D 软件内置的管片单元实现，如图 5-32 所示。

如前文所述，注浆加固通过调整围岩体的凝聚力来实现，联合支护形式如图 5-33 所示。

模型基本条件同巷道变形模拟条件一致，对巷道支护的模拟采用锚网索喷联合支护方式，通过调节附加在管片单元上的外力来实现喷浆层的厚度和金属支架的抗力，通

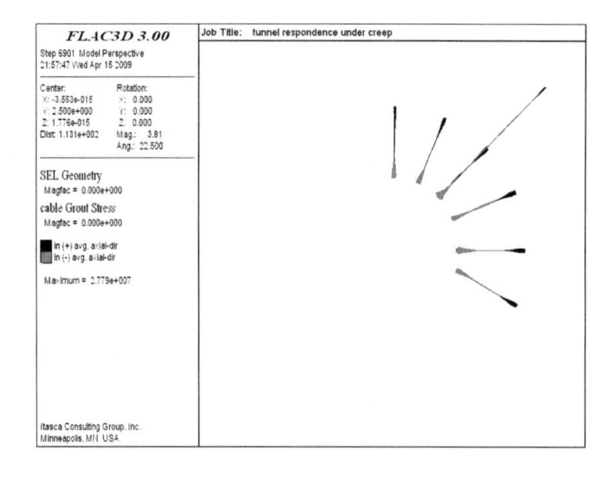

图 5-30　锚杆锚固力分布

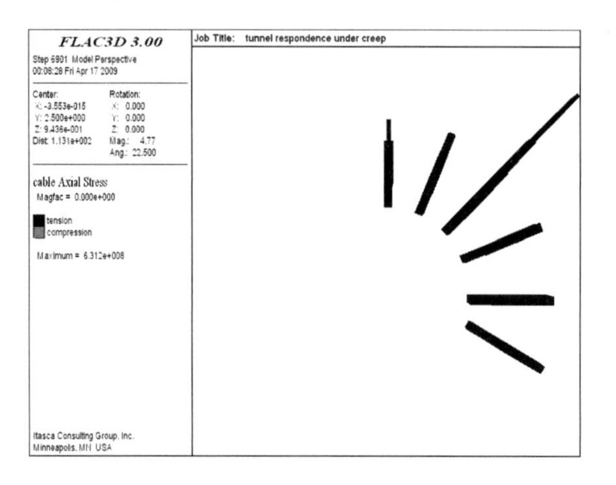

图 5-31　锚杆(索)轴力分布

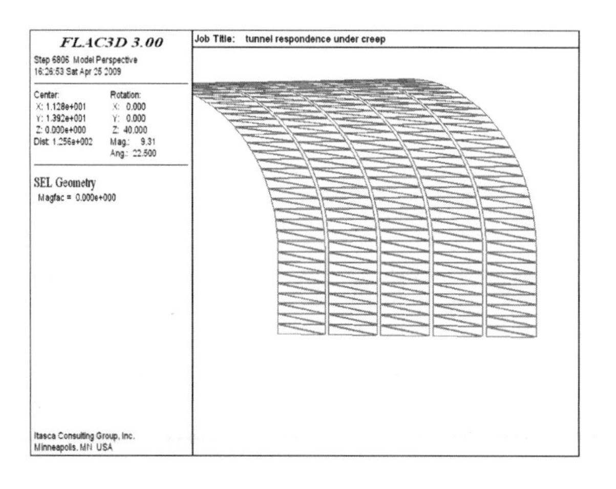

图 5-32　管片单元

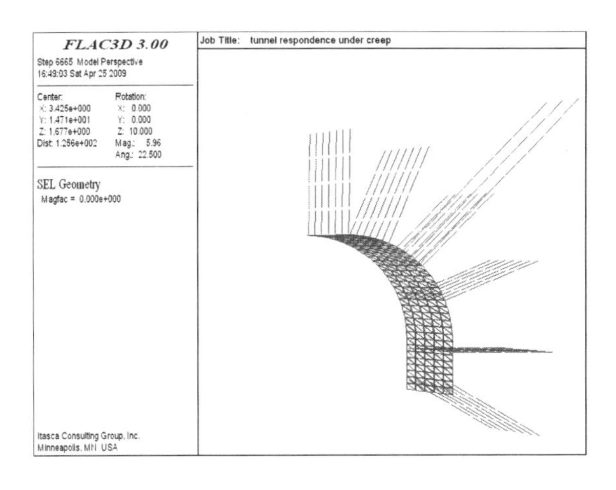

图 5-33　联合支护形式

过调整围岩的凝聚力和内摩擦角来控制巷道底鼓变形，以选择合适的锚杆和锚索支护参数。

5.5.5.2　模拟结果分析

模拟巷道共计掘进 30 m，支护形式：采用 ϕ20 mm、长度为 2 400 mm 的螺纹钢锚杆，间排距为 800 mm×800 mm；锚索采用 ϕ15.24 mm、长度为 8 000 mm 的钢绞线锚索，间排距为2 400 mm×1 600 mm；喷浆厚度为 350 mm。模拟中分 6 步进行掘进，每步掘进 5 m。选取巷道掘进 5 m、15 m 和 30 m 时围岩的塑性区、最大位移、x 轴方向位移和剪应力分布等力学响应进行分析。

(1) 塑性区分布

塑性区分布如图 5-34 至图 5-36 所示。

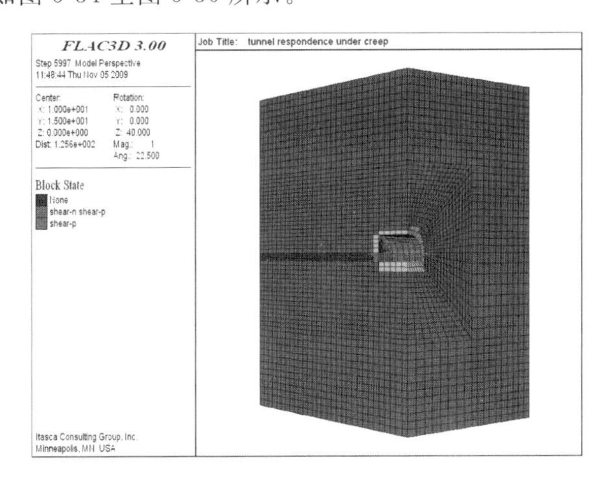

图 5-34　掘进 5 m 时塑性区分布

(2) 位移场分布

位移场分布如图 5-37 至图 5-39 所示。

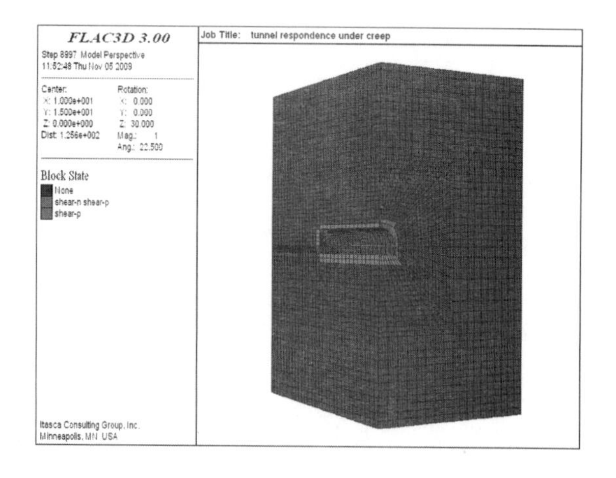

图 5-35　掘进 15 m 时塑性区分布

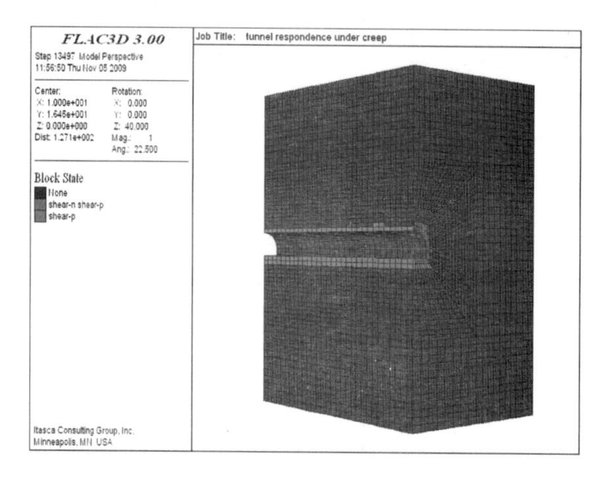

图 5-36　掘进 30 m 时塑性区分布

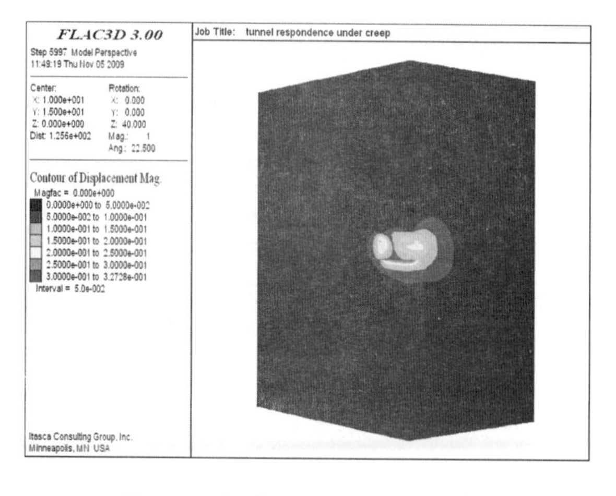

图 5-37　掘进 5 m 时围岩最大位移

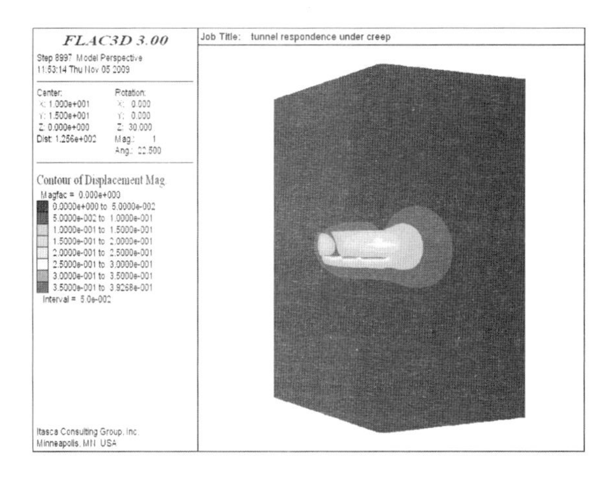

图 5-38　巷道掘进 15 m 时围岩最大位移

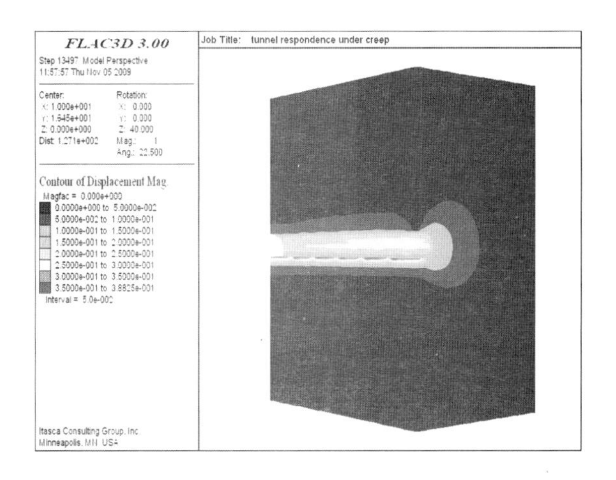

图 5-39　巷道掘进 30 m 时围岩最大位移

（3）x 轴方向位移云图

x 轴方向位移云图如图 5-40 至图 5-42 所示。

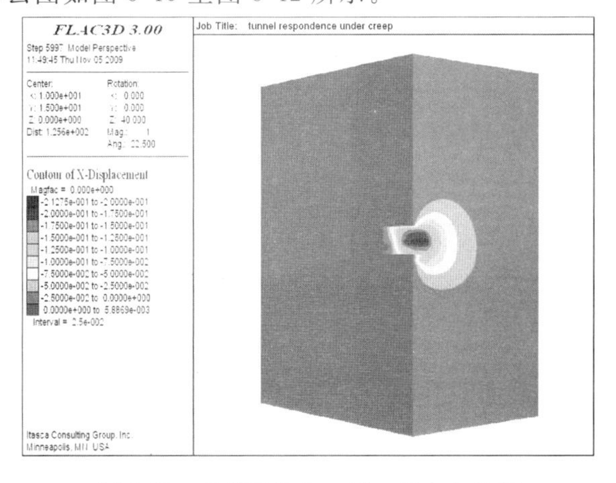

图 5-40　巷道掘进 5 m 时 x 轴方向位移

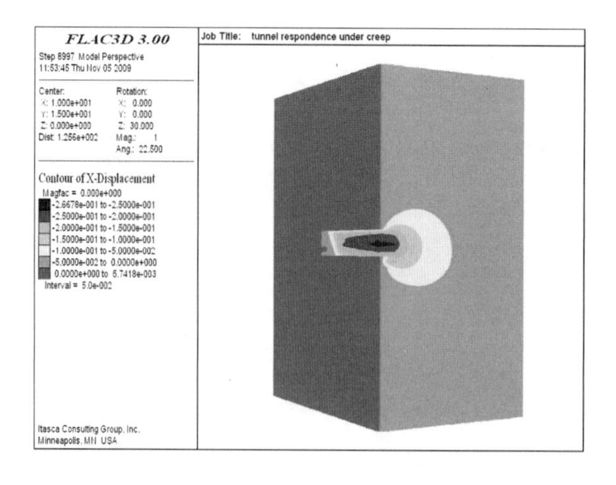

图 5-41　巷道掘进 15 m 时 x 轴方向位移

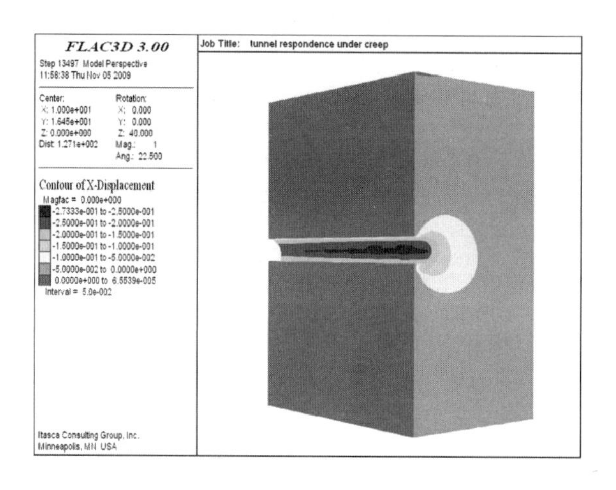

图 5-42　巷道掘进 30 m 时 x 轴方向位移

(4) 剪应力分布云图

剪应力分布云图如图 5-43 至图 5-45 所示。

(5) 位移变化曲线

监测点位移变化曲线如图 5-46 所示。

由图 5-46 可知采用该控制方法对巷道围岩实现了有效控制，主要体现在以下几个方面：① 巷道的最大位移降低为 39.26 cm；② 应力集中区域的位置没有发生变化，但是应力集中程度降低；③ 巷道围岩塑性区范围明显减小；④ 巷道支护后有效控制了围岩的长期流变，使巷道变形趋于稳定。

(6) 巷道围岩蠕变分析

图 5-47 和图 5-48 为巷道围岩帮部和顶板监测点的位移曲线。该图在前文巷道掘进、支护完成的基础上进行了为期 20 d 的稳定计算，计算结果表明研究区域巷道围岩的二次支护时间为 12～15 d。

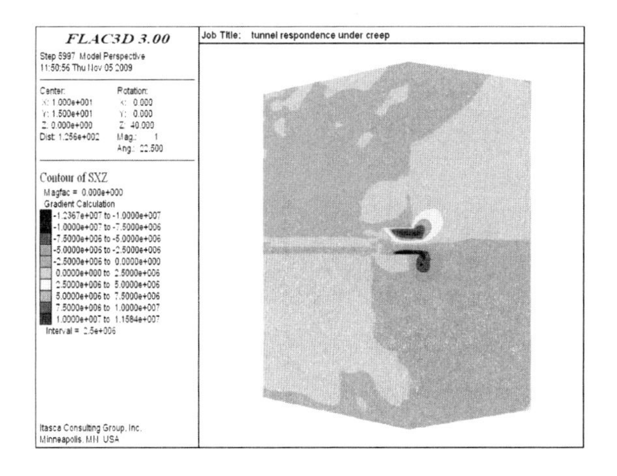

图 5-43　巷道掘进 5 m 时剪应力分布

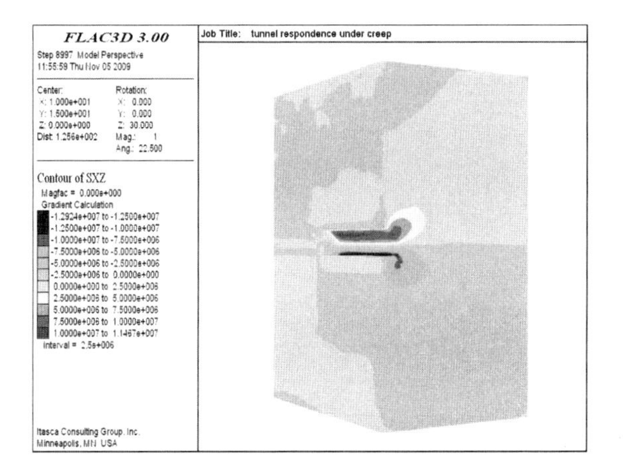

图 5-44　巷道掘进 15 m 时剪应力分布

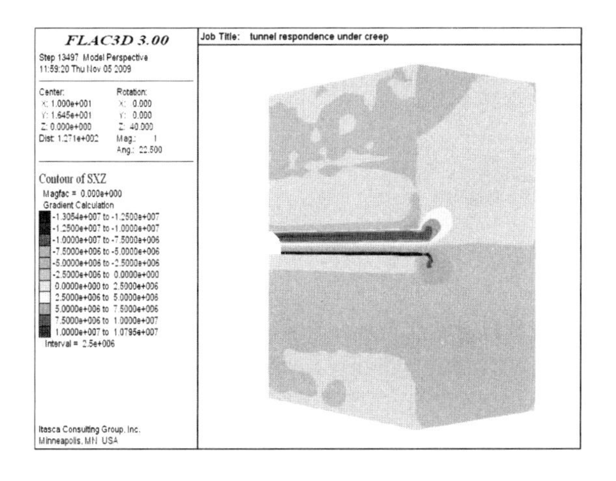

图 5-45　巷道掘进 30 m 时剪应力分布

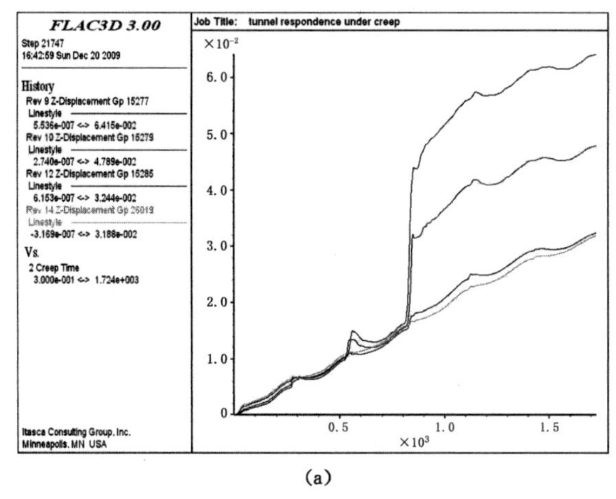

(a)

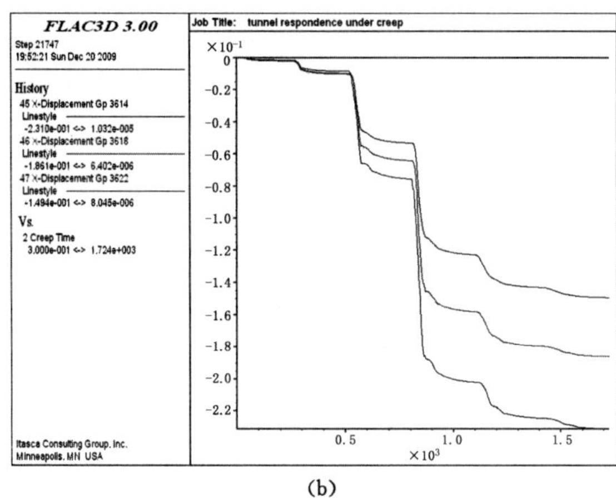

(b)

图 5-46　顶板和帮部位移监测曲线

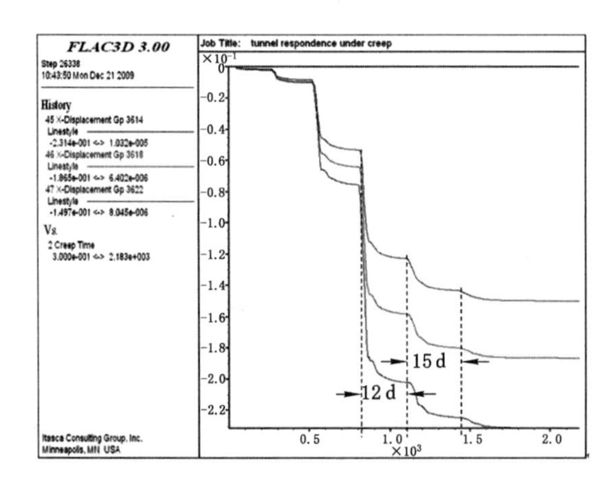

图 5-47　巷道帮部监测点的位移曲线

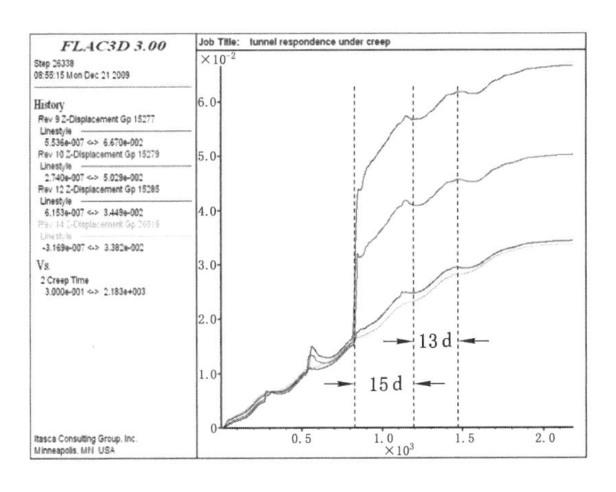

图 5-48 巷道顶板监测点的位移曲线

5.6 本章小结

(1) 基于 Visual Studio 2008 平台对 FLAC3D 软件进行了二次开发，将西原体模型嵌入 FLAC3D 软件的蠕变模型库，实现了基于该蠕变模型对软岩蠕变行为的数值模拟，对比分析表明该程序具有较好的可靠性。

(2) 利用二次开发的有限差分程序，对水岩耦合作用下的软岩巷道的变形规律进行数值模拟，结果表明：在孔隙水压力作用下，最大位移增大(32.758−26.696)/26.696=22.7%，水平位移增大(26.07−22.877)/22.877=13.9%。由围岩的竖直方向应力云图、水平应力云图和剪应力云图可以看出水岩耦合作用下的软岩巷道的自承能力减弱。在竖直方向应力云图中，水岩耦合作用下软岩巷道与不考虑水岩耦合作用的软岩巷道围岩集中应力比值为 $\frac{3.1886}{3.2427}\times 100\%=98\%$，水平应力云图中两者比值为 $\frac{3.4299}{3.5624}\times 100\%=96\%$，在剪应力云图中两者的比值为 $\frac{1.3164}{1.3353}\times 100\%=98.6\%$。

(3) 由巷道围岩应力云图可知水作用下软岩巷道围岩应力集中区域位于巷道底脚和斜上方 35°～45°。另外，巷道底鼓现象严重。

(4) 围岩控制数值模拟结果表明：采用模拟中的锚注支护技术时巷道围岩控制效果较好，顶板塑性区为不支护情况的 25%左右，底板塑性区减小幅度较小，可能因为数值模拟中的误差所致；从位移控制效果来看，支护前的巷道围岩最大位移大于 60 cm，局部达到 63.79 cm，支护后的最大位移控制在 25 cm 以内，仅局部出现 39.26 cm。

(5) 由巷道围岩顶、底板监测点的位移蠕变曲线可以看出：裸巷掘进时，虽然经过一定时间围岩变形趋于平缓，但是蠕变变形并没有停止，仍然以一定的蠕变速度变形；支护有效地控制了围岩的蠕变变形，使巷道围岩的蠕变变形速率降低为 0，巷道处于稳定状态。

6 软岩巷道围岩控制方法研究

6.1 引言

软岩巷道围岩控制一直是困扰学者的世界性难题，迄今为止虽然取得了一定的研究成果，但是并没有从根本上解决。软岩巷道的稳定性受众多因素影响，以往的研究主要集中于采动、构造应力和施工工艺等因素，忽略了水。众所周知，水对岩石的物理、力学性能存在不同程度的影响，其中水对软岩及软岩工程的影响较为显著。近年来，相关学者逐渐开展该方面的研究，但是主要是理论研究，与现场实践相差较远。

研究巷道变形失稳机理是有效控制巷道稳定性的前提。软岩巷道在水的作用下，不但围岩的力学性能改变，而且围岩变形的时效性显著。

6.2 水岩耦合作用下软岩巷道变形失稳机理

水作用下软岩巷道表现为非线性大变形和显著流变等特点，其变形机理较普通软岩巷道变形失稳机理更复杂，主要体现在以下几个方面。

(1) 晶体膨胀机制

含有蒙脱石和伊蒙混层矿物的泥质岩类膨胀性十分显著。其膨胀性与蒙脱石的分子结构关系十分密切，因此可以将这种膨胀机制称为蒙脱石型膨胀机制。

蒙脱石晶体是由很多互相平行的晶胞组成的，属于由上、下层的硅氧四面体和中间一层铝氧八面体构成的 2∶1 型硅氧酸盐矿物。由于晶胞两侧都为带负电荷的硅氧四面体，晶胞与晶胞之间氧相接，联结力极弱，因此水分子及交换的阳离子可无定量地进入其间，致使颗粒急剧膨胀。晶胞中间的 Al^{3+} 可以被 Fe^{2+}、Fe^{3+}、Ca^{2+}、Mg^{2+} 取代，形成本组软岩中不同矿物。若被两价离子取代，则在格架中出现多余的游离原子价，提高了其吸附能力，有助于增强晶胞间的联结力。由于具有上述特征，蒙脱石组矿物具有吸附能力强，使体积膨胀，甚至使相邻晶胞失去联结力的特性。

另外，蒙脱石晶胞之间的沸石水也有一些反离子。遇水时，沸石水的部分反离子逸出，吸引力减小，水分子挤入，晶胞间距增大，使矿物颗粒本身急剧膨胀。此外，矿物颗粒之间的结合水膜增厚，属于胶体膨胀力学机制。由于蒙脱石具有遇水后颗粒内部晶胞间距剧增和颗粒间结合水膜加厚膨胀机制，所以其膨胀量在黏土矿物中是最大的。据测定，钙蒙脱石可膨胀到原体积的 7 倍多。

不但蒙脱石具有上述晶粒内部膨胀特性，而且伊蒙混层矿物、伊利石矿物也具有这种膨胀特性，只是伊利石三层结构中的 SiO_2 比蒙脱石少一些，其上、下两层硅氧四面体中的 Si 可以被 Al、Fe 所取代，因而游离原子价与蒙脱石不同，在相邻晶胞间可出现较多的 1 价正离子，有时甚至 2 价正离子，以补偿晶胞中正电荷不足。故伊利石结晶格架活动性比蒙脱石小，晶粒内部膨胀弱。

(2) 胶体膨胀机制

有些软岩虽然不含蒙脱石、伊蒙混层矿物和伊利石矿物，但是也具有膨胀性。例如，黏粒成分为高岭石、腐殖质和难溶盐时也具有一定的膨胀性。现以高岭石为例说明其膨胀机制。

高岭石的结晶格架也是由互相平行的晶胞组成的，属于 1∶1 型硅酸盐矿物。其晶胞之间通过 O^{2-} 与 OH^- 联结，联结力较强，不允许水分子进入晶胞之间，所以它不具有晶格内部膨胀特性。尽管如此，由于高岭石通常以黏粒形式出现，这种黏粒为准胶体颗粒，具有胶体的特性，因而在其周围可以形成一层很厚的水化膜吸附层。事实上，这种特性并非矿物所独有，只要粒径小于 0.002 mm，均具有这种吸附特性。

软岩一般是泥质岩类，基本是黏粒的集合体。相邻的黏粒比较靠近时，各自形成的水化膜会有一部分重叠而形成公共水化膜。若各自水化膜加厚，公共水化膜消失，水胶联结力消失，软岩产生膨胀进入塑性；若各自水化膜加厚，公共水化膜形成，水胶联结可使软岩变得相当坚硬。这就是现场见到的干燥软岩十分坚硬的原因。

软岩遇水膨胀的过程称为软岩胶体膨胀模式。固体状态的软岩黏粒周围有公共强结合水化膜，故其硬度很大；吸水后，公共强结合水化膜逐渐消失，黏粒的弱结合水膜加厚而出现新的公共结合水膜，这时软岩体积增大而变成塑性状态；若黏粒进一步吸水膨胀时，公共弱结合水膜随水膜加厚趋于消失或完全消失，代之出现了黏粒之间的自由水，这时软岩体积进一步增大而进入平时所见的黏流状态和液流状态。

(3) 毛细膨胀机制

由于存在大量孔隙、裂隙和水的表面张力，产生毛细管压力，使地下水通过软岩的微小孔隙通道吸入。其上升的高度和速度取决于土的孔隙、有效粒径、孔隙中吸附的空气、水的性质以及温度等。相关文献试验数据表明：卵石的毛细水上升高度为零至几厘米，砂土为数十厘米，而黏土(相当于泥质软岩)则可达数百厘米。因此，整个毛细带为软岩的进一步化学膨胀和胶体膨胀提供了条件。正是因为存在这种毛细作用，才使水通过毛细孔隙向各个方向运动。

(4) 水胀机制

水的作用包括力学作用和物理化学作用两个部分。水的力学作用包括静水压力作用和动水压力作用。

当在含水岩层中开挖巷道时，围岩稳定性受含水层地下水泄出的影响，动水压力作用使支护(如喷层)难度增大。但是一旦支护体形成，又作为静水压力作用于支护体，增加支护体变形和破坏的可能性。另外，地下水的泄出，增加了与泥质软岩接触的机会，使泥质软岩中具有膨胀潜能的矿物剧烈膨胀，其膨胀机制是前面讨论过的晶粒化学膨胀机制和黏粒胶体膨胀机制。

除此之外，水作用下软岩巷道的变形机理在于巷道变形的时间效应，这里的时间效应包括软岩流变的时间效应和水对软岩作用效果的时间效应。工程实践中常遇到如下情况：在采取控制方法后，巷道比较稳定。受水影响后，巷道变形量突然增大，变形速率增大。随着水对巷道作用时间的增加，上述效果愈加明显。

综上所述，水作用下软岩巷道变形失稳机理：水、岩相互作用降低了围岩强度，使围岩的自承能力大幅度降低，并且降低了蠕变强度，增加了蠕变变形量。在没有二次支护或者二次支护不当的情况下，巷道围岩发生蠕变破坏，致使巷道失稳破坏。

6.3　水岩耦合作用下软岩巷道控制方法研究

从广义的角度来看，巷道矿压控制包括控制方法和控制途径。

控制方法包括巷道保护、巷道支护、巷道修护三种。

① 巷道保护是指在掌握巷道变形破坏影响因素的基础上，在巷道位置选择、断面设计等方面为了使围岩应力和岩体强度保持合适的关系，以预防巷道失稳或有效减轻矿压危害而采取的各种技术措施。如选择有利于保持巷道稳定的断面形状、在巷道设计和掘进时为预期的巷道缩小量预留备用断面、在巷道旁留护巷煤柱或砌筑人工保护带、将巷道布置在坚硬岩层中或应力降低区域内等。

② 巷道支护是指借助于各种矿山支架，预防巷道围岩产生过度变形和巷道冒顶、片帮等，以保证巷道正常使用。

③ 巷道修护是指对已经支护过但是由于某种原因产生过度变形或破坏而无法正常使用的巷道，为了改善已经恶化的维护状况和恢复其稳定性所采取的一些补救措施，如巷道补棚、步柱、扩帮、起底、更换已损坏的支架构件甚至重新支护等。

以上三种方法是相互关联的，是巷道矿压控制的三个不同技术层次，如果前一层次中采用的技术措施比较有效，可以大大减轻甚至完全消除后一层次的工作量。所以，从系统工程的观点来看，在确定保证巷道稳定性的方法和手段时，应力求使巷道保护、支护、修护的总费用最少和对生产的影响最小。

目前所采用的矿压控制方法主要包括抗压、让压、躲压、移压四种。

① 抗压是指通过提高支架的支撑能力或支护密度等方法，采用加强支护的手段去抑制或减少围岩的移动，增强巷道的抗变形能力。例如增大型钢的重量、提高支架的承载能力、充填支架背后的空间等。该方法的优点是巷道布置的地点和掘巷时间不受限制，缺点是所需要的支护材料量较大，支护劳动量大，巷道支护成本较高。

② 让压是指在采取适当支护措施和保证支架本身不遭受严重损坏的前提下，根据支架、围岩相互作用原理，允许围岩产生一定变形以释放一些能量，从而大大降低围岩对支架造成的压力。如采用有一定工作阻力的大收缩量支架、为巷道受压收缩预留备用断面、允许巷道底鼓以进行机械起底等。该方法在一定程度上利用围岩自承能力，减轻支架受载，应用得当可实现无维护巷，对生产极为有利，但会增加支架结构的复杂性

或多支出掘进和起底费用。

③ 躲压是指根据工程周围应力重新分布特点和规律，在巷道位置的选择上将巷道布置在低压区内，在时间或空间上避开高压的影响和作用。例如在煤体边缘下方的低压区域内布置巷道、错过高压作用时间、待压力充分稳定后再掘进巷道等。该方法可以在不同程度上减轻巷道受压，有利于支护，但有时要多开掘一些辅助巷道（如联络巷等），或要求延迟掘进时间，不利于采掘接替工作。

④ 移压是指在"硬点多载"规律指导下，采用人工方法松动巷道围岩，形成卸压槽孔或其他形式的卸压空间，在保持自身整体稳定的条件下降低自身的承载能力，迫使荷载转移到离巷道较远的地方，达到减轻巷道受压的目的。如果在巷道底板或巷帮中形成卸压槽孔、宽面掘进或在巷道旁故意留出卸载空间、用跨采工作面使巷道得到卸载等。为转移压力所布置的巷道在地点和时间上可不受限制，但是要增加额外工作量和有关额外费用。

传统的巷道矿压控制方法多以抗压为主，这种方法不但使巷道支护工作消耗大量的人力和物力，而且难以取得满意的效果。后来逐渐发展了让压、躲压和移压等新的巷道矿压控制理念，随之使巷道矿压控制的措施和手段更为灵活和多样化，目前已得到了不同程度的应用，但是每种矿压控制原理各有利弊，故有时采取两种以上原理配合使用，如采用"躲压＋移压""躲压＋让压"等联合控制措施等，以取得更为理想的效果。

水作用下软岩巷道的破坏及失稳机制较为复杂，不仅需要在治理巷道非线性大变形上采用多种联合支护方法，还必须防治水以防巷道围岩软化甚至泥化。从现场的实际效果来看，对受水影响软岩巷道围岩治理的关键在于有效防治水，包括隔离水和防堵水。隔离水是在巷道的施工空间、施工环境中采取相应的措施，最大可能地避免巷道围岩与水长时间接触；防堵水是指在岩石内采取注浆等措施，对围岩进行加固以堵水，使巷道围岩免受水的影响，在此基础上采取复合支护方案，确保围岩稳定性。

6.3.1 水岩耦合作用下软岩巷道变形失稳特征

水作用下软岩巷道围岩的变形规律主要表现在以下几个方面：

(1) 软岩巷道围岩变形具有明显的时间效应，表现为初始变形速度很大，变形趋向稳定后仍以较大速度产生流变，持续时间很长。如不进行有效控制，势必导致巷道失稳破坏。

(2) 软岩巷道多表现为环向受压，且为非对称。水作用下软岩巷道不仅顶板变形易冒落，底板也会产生强烈底鼓，并引发两帮破坏和顶板冒落。

(3) 软岩巷道围岩变形随水化作用程度增加而增大，围岩变形常有突变现象，即在巷道围岩变形已经趋于稳定情况下，经过一定时间后再次出现大速率变形。

(4) 软岩巷道围岩变形具有明显的方向性。由于各位置围岩的含水情况不同，巷道围岩受影响程度存在很大的差异，因而巷道围岩受力具有明显的方向性。

(5) 软岩巷道自稳能力差，自稳时间短。

6.3.2 水岩耦合作用下软岩巷道控制原则及主要技术关键

6.3.2.1 控制原则

(1) 防治水原则

众所周知,遇水后的软岩巷道变形量增大、变形速率增大、变形持续时间增长,如果碰到遇水泥化软岩巷道,将无法控制。因此,对水作用下软岩巷道的控制的首要原则为防治水原则,包括隔离水和封堵水。

① 隔离水是控制工作空间的水分对软岩巷道围岩的影响,可以从两个方面来进行巷道工作空间的隔离水,一为及时喷浆以尽量减少巷道围岩裸露时间,二为工程用水的排放。目前现场普遍使用水沟排水,对于对水影响敏感性围岩巷道来说隐患极大,完善的排水措施为采用管路排水或者加强对排水沟采取防渗措施。

② 防堵水是对围岩内水源的控制。技术关键和难点在于对水源的监测和控制,目前有效的措施是注浆,其具体方法将在下文的围岩加固技术机理中详细阐述,需要强调的一点是,为了防止水分对软岩产生影响,注浆需要控制浆液的凝固时间。

(2) 时间原则

水作用下软岩巷道围岩变形时效性非常显著,因此对该类型软岩巷道的围岩控制必须遵循三个时间原则:① 巷道掘进后及时封闭;② 在巷道围岩变形过程中寻求最佳二次支护时间;③ 控制水源浸入塑性区。

在以上三个时间原则中,最容易实现的且得到广泛应用的是第一个时间原则。人们已经有所认识,但是在技术上难以掌握的是第二个时间原则,研究认为:软岩巷道的变形失稳为蠕变失稳,只有在巷道围岩加速蠕变之前合适的时机进行刚度适度的二次支护,才能有效控制围岩变形,保证巷道的稳定性。水对软岩巷道影响较大,但是第三个时间原则没有引起足够重视。

(3) 充分利用围岩自承能力原则

由支架、围岩相互作用关系可知:支架阻止围岩变形移动乃至破坏的作用很小,完全抵抗住围岩的变形是不可能的,这就要充分利用围岩的自承能力和支撑来达到保证围岩稳定的目的。采用锚注技术提高围岩自承能力,形成支架-围岩协调体系是成功控制巷道围岩的关键。

(4) 设计、施工、监测一体化原则

即在合理设计和施工的基础上,将监测作为调整支护的必要手段,要结合地下环境复杂性的特点对当前所采取的支护方式进行实时监测,并根据监测结果采取二次或多次支护措施,以确保巷道在使用期间安全。

总之,应在充分考虑支护体-围岩相互关系的基础上,从技术上可行和经济上合理的角度出发,采取合理的支护方式和确定合理的支架安设时间,充分发挥围岩的自承能力和支撑,获得支架、围岩共同支护以保持围岩稳定的效果,保证巷道在使用期间内安全。

6.3.2.2 主要技术关键

根据上述原则，对于水岩耦合作用下软岩巷道控制的主要技术关键包括以下几个方面：

(1) 避开含水层影响

如果软岩上方的导水裂隙连通了上方的含水层，软岩将受到持续的水化侵蚀，岩石强度将持续降低，必然会造成软岩巷道严重失稳。因此，在巷道开挖前，地质勘查要求清晰，确保采动影响不会涉及导水裂隙带，以保证软岩巷道的安全。

(2) 及时封闭

巷道开挖后围岩的三维受力状态受到破坏，软岩完全裸露，工作面的用水及其空气中包含的水气都会迅速与裸露的岩石结合，从而使围岩强度降低。因此，巷道开挖后应及时喷浆、封闭。

(3) 干式打眼、钻孔

在施工过程中，常采用湿式打眼工艺，但是考虑到区域软岩对水分的敏感性，要求在打眼、钻孔过程中实施干式打眼，以避免软岩受到水化影响而强度降低。

(4) 保持巷道环境不变

对于受水化影响严重的软岩巷道而言，保持巷道的环境不变十分重要，其中包括避免工作面积水和布置排水水沟。

(5) 注浆堵水、加固

对于破碎严重的岩石，单独依靠锚网支护不能满足要求时，应考虑注浆加固，起到加固围岩和防止水化对围岩侵蚀破坏的作用。

(6) 控制底鼓

底鼓是软岩巷道中普遍存在且较难治理的问题，国内外学者对软岩巷道底鼓治理已做了大量的研究工作，且取得了丰硕的成果，主要治理方式包括以下几个方面：

① 底板锚杆。采用锚杆加固底板应考虑的主要因素包括底板岩性和强度、底板中滑动层理的数量、底板岩石的水敏性、岩层的完整性等。用锚杆加固底板的条件是底板岩层主要为砂岩、砂页岩、黏土页岩等，且分层厚度大于 20 cm，无很多滑动层理，底板岩层的整体性好，无原始破坏。通过锚杆的作用可形成底板组合梁结构，减少底鼓。

② 注浆加固法。其实质是在已破坏的底板处打若干钻孔，在钻孔中注入浆液，浆液渗入岩层破碎面，浆液凝固后将已破碎的岩层重新黏结为整体，从而可部分或全部恢复岩层的原始强度，提高底板承载能力，减少巷道底鼓。

③ 底板混凝土拱及可缩性钢拱支架或底板梁。这种支护方式可以分别使用，也可以组合使用，主要用于永久巷道的底板支护，适应能力强，比锚杆加固底板有利。

④ 底板卸载法。采用开底板卸载槽、底板卸载钻孔、底板卸载爆破等方法，将巷道边缘处的高应力转移至内部具有支撑能力未破坏的岩层中，可以起到减少底鼓的作用。

⑤ 底角锚杆。在巷道两帮底角处打一倾斜锚杆，将帮上的高应力传至岩层深部，减少底板岩层的应力集中，亦可减少底鼓。

⑥ 底板预应力锚索。其承载力大，能有效控制巷道底鼓，将底板集中应力向底板深部围岩转移，且起到组合支架的作用。

⑦ 用高强度预应力大弧板和锚注法处理底鼓均可获到良好效果。

6.3.3 最佳支护时间和最佳支护时段

软岩巷道和硬岩巷道的支护原理截然不同，这是由它们的本构关系决定的。硬岩巷道支护不允许岩石进入塑性状态，因为进入塑性的硬岩将丧失承载能力，软岩巷道支护必须允许软岩进入塑性状态，而且以达到其最大塑性承载能力为最佳。软岩巷道支护的另一个独特之处是其巨大的塑性能（如膨胀变形能等）必须以某种形式释放出来。因此，软岩巷道支护原理可以表示为：

$$P_T = P_D + P_R + P_S \tag{6-1}$$

式中 P_T—— 挖掉巷道岩石后使围岩向临空区运动的合力，包括重力、水作用力、膨胀力、构造应力和工程偏应力等。

P_D—— 以变形的形式软化的工程力，可以包括：弹塑性转化（与时间无关）、黏弹塑性转化（与时间有关）、膨胀力的转化（与时间有关）。对于软岩来讲，主要是塑性能以变形的方式释放。

P_R—— 围岩自承力，即围岩本身具有一定强度，可承担部分或全部荷载。

P_S—— 工程支护力。

式(6-1)和图 6-1 表示如下意义：

(1) 巷道开挖后引起的围岩向临空区运动的合力 P_T 并不是纯粹由工程支护力 P_S 全部承担，而是由三部分共同分担。P_T 由软岩的弹塑性能以变形的方式释放一部分，即 P_T 的一部分转化为岩石形变。其次，P_T 的一部分由岩石本身自承力承担。如果岩石强度很高，$P_R > P_T - P_D$，则巷道可以自稳。对于软岩，P_R 较小，一般 $P_R < P_T - P_D$，故巷道要稳定，必须进行工程支护，即加上 P_S。为求工程稳定，通常 $P_S + P_R$ 值要大于 $P_T - P_D$ 值。

(2) 一个优化的巷道支护设计应该同时满足三个条件：① P_D 达到最大；② P_R 达到最大；③ P_S达到最小。

实际上，要使 P_D 达到最大，P_R 就不能达到最大；要使 P_R 和 P_D 就不能达到最大。要同时满足 P_D 达到最大和 P_R 达到最大，关键是选取变形能释放的时间和支护时间。

软岩巷道开挖完成后还存在围岩自稳时间。随着时间的推移，巷道围岩变形速率逐渐减小直至趋于稳定，这样就存在一个合理支护时间的问题。如果支护过早，则围岩长期不能稳定，而且支护刚度要求很高；支护过晚，则不能保证围岩变形在允许的范围内。

软岩巷道开挖后，巷道围岩变形逐渐加大，按变形速度可划分 3 个阶段：减速变形阶段、近似线性的恒速变形阶段和加速变形阶段。当进入加速变形阶段时，岩石本身结构改组，产生新裂纹，强度大大降低。显然，加速变形阶段可以使 P_D 达到最大值，但是大大降低了 P_R，这不满足优化原则。解决此问题的关键是最佳支护时间概念的建立和

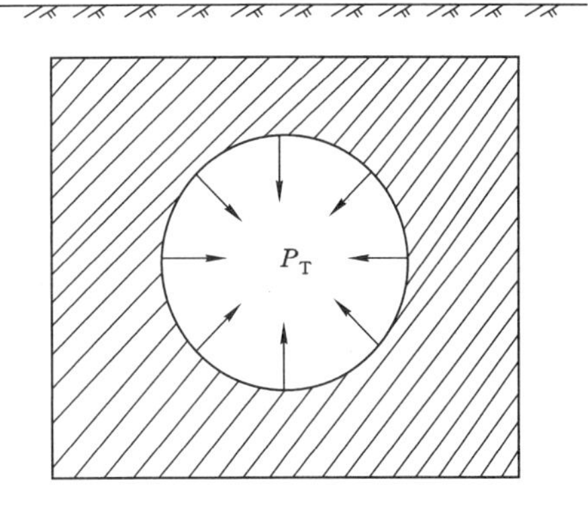

图 6-1　合力示意图

最佳支护时段的确定。

最佳支护时间是指可以使 $P_R + P_T$ 同时达到最大的支护时间，其意义如图 6-2 所示，最佳支护时间就是(P_R+P_T)-t 曲线峰值点所对应的时间 T_S，如图 6-3 所示。实践证明：该点与 P_D-t 曲线和 P_R-t 曲线的交点所对应的时间基本相同。此时支护使 P_D 达到最大，在保护围岩强度的同时使其强度损失达到最小，亦即其本身自承力 P_R 达到充分大。

最佳支护时间点的确定在工程实践中很难掌握，所以提出了最佳支护时段的概念。最佳支护时段的意义如图 6-3 所示，图中所示的时段［T_{S1}，T_{S2}］即最佳支护时段。只要在图中所示的 T_S 时间附近时段［T_{S1}，T_{S2}］进行永久支护，基本上可以使 P_D、P_R 同时达到优化意义上的最大。此时也基本上满足：$P_D + P_R$ 达到最大，P_S 达到最小。

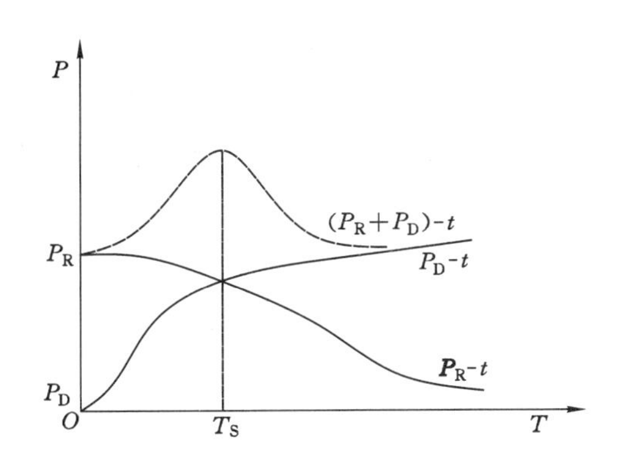

图 6-2　最佳支护时间 T_S 的示意图

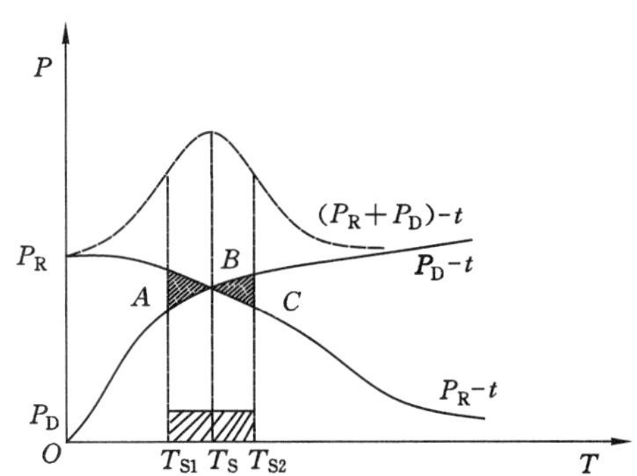

图 6-3　最佳支护时段的示意图

最佳支护时间的物理意义：巷道开挖以后，巷道围岩应力将重新分布，切向应力在巷壁附近高度集中，导致该区域的岩层屈服进入塑性状态，从而形成塑性区。塑性区的出现，使应力集中区从岩壁向纵深发展，当应力集中的强度超过围岩屈服强度时就出现新的塑性区，如此逐步向纵深发展。如果不采取适时有效的支护，临空塑性区将随变形的增大而出现松动破坏，即形成松动破坏区。塑性区与松动破坏区不同，塑性区具有一定的承载能力，而松动破坏区已经完全丧失承载能力。

塑性区分为稳定塑性区和非稳定塑性区。松动破坏之前的最大塑性区范围称为稳定塑性区；出现松动破坏区之后的塑性区称为非稳定塑性区。对应于稳定塑性区和非稳定塑性区的宏观围岩的径向变形分别为稳定变形和非稳定变形。

塑性区的出现对支护体来讲具有两个力学效应：① 围岩中切向应力和径向应力降低，减小了作用在支护体上的荷载；② 应力集中区向围岩深部转移，减小了应力集中的破坏作用。对于高应力软岩巷道支护来讲，应允许其出现稳定塑性区，严格限制非塑性区的扩展，也就是要求选择最佳的支护时间，以便最大限度发挥塑性区承载能力而不至于出现松动破坏。所以，最佳支护时间的力学含义是最大限度发挥塑性区的承载能力而不出现松动破坏时所对应的时间。

水作用下软岩巷道的最佳支护时间与最佳支护时间段具有双重含义：第一层含义同普通软岩巷道的意义相同——为控制围岩的变形而考虑的最佳支护时间和最佳时间段。第二层意义为防治水的最佳支护时间和最佳时间段。由前文可知，如果水作用到软岩巷道的围岩中，对巷道的稳定性影响显著，因此尽可能避免水对围岩的影响，这就要求防治水及时，主要表现在巷道空间的喷浆封闭。众所周知，对于软岩而言，如果受到水化影响严重，任何支护效果都将失去效力，因此，在防治水方面的最佳时间段的最大时间值是围岩内注浆堵水加固需要的最长时间。

6.3.4 软岩巷道围岩加固技术

复杂的工程地质条件和难以控制的影响因素，致使软岩巷道围岩控制技术尚不能形成统一的认识，但是对于水岩耦合作用下软岩巷道围岩控制的思路是明确的，首先是控制水，工作空间的水分控制相对于岩体中的水源要容易得多，那么对于岩体中水分的控制，避免其与巷道围岩发生作用的最有效方法是注浆。注浆在隔离水的同时，完成了对松软、破碎围岩的加固，改善了围岩的力学环境，是确保巷道有效控制的关键。

通常情况下岩体破坏以剪切破坏为主。下面采用莫尔强度理论对注浆加固的作用效果进行分析。强度曲线采用直线形包络线[135]，即

$$\tau = C + \sigma \tan \varphi \tag{6-2}$$

式中 τ——岩体抗剪强度，MPa；

σ——正应力，MPa；

C——岩体的凝聚力，MPa；

φ——内摩擦角，(°)。

由式(6-2)可知：当巷道掘进后，原岩体中应力平衡状态受到破坏，围岩应力重新调整，表现为巷道周边径向应力消失，切向应力增大，出现应力集中现象。当切向应力超过岩体强度极限时，巷道周边岩体首先破坏，产生裂隙，岩体原有的凝聚力 C 和内摩擦角 φ 下降，在巷道周围一定范围内形成围岩破碎带，即围岩松动圈。在此松动圈内的岩

体,是具有一定残余强度的多裂隙岩体,是塑性区的组成部分。钻锚注加固就是处理这一区域内的岩体,使其强度得到提高,从而使莫尔圆远离强度包络线,显然这有利于围岩的稳定。

岩体 C 和 φ 的增值视注浆材料的性能和注浆工艺是否合理而有所不同。一般来说,注浆材料本身固结强度高、稳定性好,其 C 和 φ 增值较大。注浆工艺合理,能保证岩体裂隙充填密实,浆液与裂隙面黏结牢固,其 C 与 φ 值增值也较大。

苏联 B. C. 沙新的研究表明:岩体凝聚力 $C(r)$ 随离开巷道周边向岩体深入的距离增加而逐步增大,可用下式近似表示:

$$C(r) = C_{\infty} - C_r\left(\frac{1}{r}\right)^n \tag{6-3}$$

式中 C_{∞}——未破坏岩体的凝聚力,MPa;

C_r,n——岩体裂隙性系数($C_r>0$,$n=1,2,\cdots,6$);

r——无量纲极坐标,$r=R/R_0$;

R——距巷道周边某点的距离,m;

R_0——巷道半径,m。

注浆后,裂隙岩体固结,除凝聚力近似发生如式(6-3)所示变化外,岩体的裂隙参数也发生变化。注浆前 $n=2$,注浆后 $n=6$。假定 $r=R/R_0=2$,则注浆前后的 $\left(\frac{1}{r}\right)^n$ 分别为 0.25 和 0.015 625。可见巷道围岩注浆后,对其强度的影响很大。此外 M. 卡姆别霍尔和别廖也夫等的研究表明:岩体经注浆后,取样测定,其凝聚力 C 较原来增加了 40%~70%。

6.3.5 软岩巷道底鼓防治

(1) 软岩巷道底鼓的基本形式

巷道底鼓的力学机制仍然是物化膨胀型、应力扩容型、结构变形型和复合型。巷道底鼓的形状有折曲形、直线形和弧线形。折曲形底鼓多以底板岩层在水平力作用下弯曲断裂为主;直线形底鼓一般以扩容、膨胀及黏性流动为主;弧线形底鼓是多种底鼓原因共同作用的结果。存在挤压流动性底鼓、挠曲性底鼓、膨胀性底鼓和剪切错动性底鼓四种基本形式。

(2) 软岩巷道底鼓的影响因素

软岩巷道底鼓的影响因素主要包括:

① 岩性状态。围岩的矿物成分、结构状态和软弱程度对巷道底鼓起决定性作用。我国煤矿软岩的黏土矿物成分主要有高岭土、蒙脱石、伊利石及伊蒙混层矿物,其中蒙脱石是对巷道稳定性危害最大的黏土矿物。

② 软岩受到力作用以后表现出的多种力学特征。如弹塑性、扩容性和流变性等,在层状岩层中还有弯曲断裂现象。岩石扩容是指在矿山压力作用下体积不减小反而增大的特性。岩石扩容变形是内部颗粒与颗粒界面的滑移以及裂纹的静态扩展所造成的

不可逆变形,是矿山压力作用的结果,矿山压力越大,扩容变形越大。

③ 时间效应。软岩巷道服务时间较长时,流变将引起底板岩石强度的降低和底鼓量的增加。显然,随着巷道维护时间的延长,底板破坏范围必然逐渐扩大,并引起底鼓量增加。

④ 软岩物化性质及力学性质的相互影响。底板岩层在矿山压力作用下扩容后,岩层体积增大,引起软岩孔隙率、含水率等参数变化,使水更容易进入岩体内部,引起更大程度的膨胀和软化。扩容同时引起底板岩层性质进一步恶化,底板破坏范围扩大,严重损伤软岩的强度,使其在较小的矿山压力下就会发生扩容。因此,巷道支护强度和巷道断面形状也是对软岩巷道底鼓产生影响的不容忽视的因素。

(3) 软岩巷道底鼓的防治

软岩巷道底鼓的防治包含预防和治理两个方面,即在巷道产生显著底鼓之前采取一些措施阻止底鼓的产生和延缓底鼓产生的时间,或在巷道产生显著底鼓之后采取一些措施减小和控制底鼓。为了保持底板岩层和整个巷道围岩的稳定性,应当以预防为主,治理为辅。目前,防治底鼓的措施有以下五种:

① 起底。起底是现场应用很广泛的一种治理底鼓的方法,是一种消极的治理底鼓的措施。在具有强烈底鼓趋势的软岩巷道中,往往需要多次起底,不但起底工程量大、费用高,而且还影响两帮及底板岩层的稳定性。

② 底板防治水。在底板软弱岩层长期浸水状态下,任何防治底鼓的措施,其效果肯定会受到明显影响。底板有积水时应及时排除,含水量大、渗透性强的强含水层多采用疏干措施,含水量不大或渗透性较差的岩层中一般采用及时封闭措施。

③ 支护加固。支护加固是对具有底鼓趋势的软岩巷道底板或两帮岩层进行锚杆支护、注浆加固和封闭式支架支护,增大底板岩层强度和改善受力状态。

④ 应力控制。应力控制的实质是使巷道围岩处于应力降低区,达到保持底板稳定的目的。应力控制包括采掘布置法、周边应力转移法和巷旁形成卸压空间等卸压方法。

⑤ 联合支护。软岩巷道底鼓的变形力学机制通常是几种变形力学机制的复合类型,有时需要采用联合支护的方法,将不同的防治底鼓方法结合起来使用。例如,封闭式支架与锚杆支护、锚杆支护与注浆、底板药壶爆破与注浆、切缝与锚杆支护、封闭支架与爆破卸压等。

6.4 工程应用

6.4.1 工程背景

红庙矿区位于赤峰市东 19 km,行政归属内蒙古自治区赤峰市元宝山区所辖。地理坐标为东经 119°8′11″,北纬 42°15′17″。矿区位于元宝山煤田西南部,属低山丘陵,地形起伏,井田中部地势较高,向四周逐渐降低,区内最高海拔＋638.30 m,最低海拔＋550 m,一般标高＋580 m,地表坡度 4°～5°。矿区东南 7 km 有老哈河流过,西北 7.5

km有英金河流过。红庙煤矿于1983年建设,一号井设计产量15万t/a,二号井设计产量120万t/a,是我国典型的软岩矿井之一,巷道的不稳定性给煤矿的安全生产带来了诸多不便,影响其生产效率。随着科技的进步和支护技术的不断提高,巷道支护工作逐步得到了解决,但是进入六采区的巷道开拓以来,巷道变形情况严重恶化,先前的支护手段失效,给支护工作提出了新的难题。

6.4.1.1 地层

本井田含煤地层为侏罗系上统罗统(J35),建井地质报告划分地层如下。

(1) 杏园组(J34)

全区发育,按岩性可分为上、下两段。

① 下段:五家砾岩段(J34-1)。根据区内6831钻孔所见,有一组紫红色磨圆砂砾岩,夹有紫红色薄层砂岩。砾石成分以花岗片麻岩、花岗岩、石英岩为主。粒径一般为5~10 mm,最大为50 mm,泥质胶结,局部为硅质胶结,钻孔控制厚度126.88 m。

② 上段:泥岩段(J34-2)。由灰-灰绿色薄层状水平发育泥岩、砂质泥岩、粉砂岩组成,夹薄层砂岩和砂砾岩。由东南向东北逐渐变粗,并含多层薄煤,局部可采。区内可见本段厚度为190~250 m,含种子化石和淡水动物化石。

(2) 元宝山组(J35)

以粉砂岩、泥岩、煤层为主,夹薄层中粗砂岩,局部有砂砾岩,为本区主要含煤组,总厚度为231~363 m,一般为300 m,与杏园组整合接触,可分为上、中、下三段:

① 下段(J35-1):以灰-灰绿色泥岩、粉砂岩为主,夹薄层粗砂岩,在二井区含煤层多达11层,单层最大厚度0.49 m,厚度多集中在上部,上距六煤组约35 m,岩层一般无层理,胶结较好。其岩石粒度下部较粗,向上逐渐变细,一般厚度约为100 m。

② 中段(J35-2):以煤层为主。灰色细砂岩,泥质及薄层粗砂岩砂眼,含5、6两个可采煤组,厚度为47.10~119.14 m,一般为80 m左右。以井田西部的810线为中心,煤层集中,层组合并。向四周煤层间距加大,分叉变薄。

③ 上段:以厚层灰-灰白色粉砂岩、细砂岩为主,夹薄层泥岩、粗砂岩。层理不清,胶结松散,含不可采1、2、3、4煤组。总厚度为90~231 m,一般为120 m。其岩石粒度下部细,向上逐渐变粗。

(3) 白垩系下白垩统孙家湾组(KS1)

本组地层在本区普遍发育,厚度为0~500 m,7841钻孔见最大厚度500 m,与下伏煤系呈不整合接触。岩性以紫红色、灰绿色各种变质岩和花岗岩岩砾为主,鞍山岩次之。粒径一般为10~30 mm,最大80 mm,分选不良,磨圆度差,松散易碎。

(4) 第四系(Q)

全区发育,下部为褐色亚黏土,中部为黄色砂土,最上部为风积砂,总厚度为20~30 m,主井至东风井浅部第四系底部有2~3 m含水砂砾层。

6.4.1.2 构造

元宝山煤田处于阴山纬向构造带与大兴安岭新华夏构造体系的复合部位,北邻桥头盆地，南邻平庄盆地。

元宝山含煤盆地西南至三眼井，东北至小哈拉道口，走向长70余千米，东南侧受温泉断裂控制，西北侧受水泉断裂控制，宽约20 km，与平庄煤田构成一组平行雁行式断陷盆地。

① 井田构造形态：红庙井田西北为F1所切，南部为F2所切，为扇形盆地。区内地层产状呈弧形单斜构造。地层走向南部为N35°E，中部转为南北向，向北转为N40°W。倾角浅部缓(5°～18°)，中深部略陡(15°～25°)，平均为18°。

② 断裂：矿区内共有落差5 m以上断层60条，F1和F2两断层为区内主干断裂，其他断层在主干断裂的影响下产生伴生断层及低一级派生断层。

构造规律：

① 本区以一组NW向斜交正断层为主，次为SN及NE向斜交正断层。

② 本区+300 m以上小断层密集，落差一般为10 m左右。

③ 多为封闭式枣核状正断层，即中间落差大，向两端变小直至尖灭。

④ 东风井各石门及主井实见断层群组由4～6条小断层组成，小断层落差不足2 m，累计落差达10余米。

⑤ 浅部断层密集，深部断层较稀。一区深部断层发育。

主要断层简述：

① F1：边界正断层，位于矿区西北，走向N25°E，倾向SE，倾角为60°～70°，落差大于100 m，多孔控制，上升盘为杏园泥岩。

② F2：二井边界正断层，走向N45°W，倾向NE，倾角50°左右。上升盘至西北端为红庙四井区，该区含煤地层接近该断层时岩性较粗煤层变薄，相变大，分析认为可能为同沉积构造作用的影响。

③ F405：该断层位于815线至边界F1断层之间，走向为N46°W，倾向NE，倾角76°，落差大于40 m(与一井报告中F40为同一条断层)。在一区5-1南二片工作面开切眼及一井水仓、主副井均实见，控制程度高。

④ F403：走向N6°E，倾向北偏西，倾角为60°，落差为0～15 m，二井二区5-2南一片残采工作面及四区5-3北残采工作面运输巷实见。控制程度较高。

⑤ F201：二区376石门实见，走向N7°W，倾向SE，倾角为40°～50°，落差为0～20 m，另二区6-1北一片及5-1南二片工作面均有证实，该断层对采煤工作面设计有影响。

⑥ F202：在二井二区北6-1工作面实见，在二区南5-1、南5-2、三片工作面均实见。走向N1°W，倾向NE，落差为0～7 m。

⑦ F51：走向N50°W，倾向NE，倾角为50°，落差为0～19 m，四区5-3南上一片运输巷道实见，一区深部轨道下山实见，五区轨道下山实见。

⑧ F52：走向N1°W，倾向SW，倾角为50°～60°，一区轨道下山及二区5-1S一片工作面回风巷实见。与F51斜交并切割F51，对采矿有较大影响。

⑨ F311：走向N25°～44°W，倾向NE，倾角为60°，落差为0～18 m，斜交闭合正断层，一区411石门及一区5-1S一片工作面回风巷实见。

⑩ F38:走向 N20°W,倾向 SW,倾角为 50°,落差为 0～10 m,一区 480 石门及一区 5-1N 一片回风巷实见。对下部煤层开采有一定的影响。

总之,红庙矿区虽系单斜构造,但小断层发育,+300 m 水平以上断层多数经井下证实可靠,仅走向及延展有一定的变化。

6.4.1.3 水文地质特征

(1) 地貌水系

本区为低山丘陵,全区被第四系风积砂掩盖。煤层露天一带为丘陵地形,地面标高为+506 m～+550 m,区内最高标高为+638.3 m,地面标高一般为+580 m。

矿区地形较高,井田北部有北东向的分水岭。井田东南 7 km 有老哈河,西北7.5 km 处有英金河,井田西 2 km 有套包营子河,东北 1.5 km 有东南营子河,均为季节性河流。

(2) 含水层及特征

① 含水层

a. 风积砂孔隙含水层,普遍分布,多为细砂、粉砂,厚 1～15 m,渗透系数为 3.63×10^{-4}～8.06×10^{-2} m/d。

b. 第四系亚黏土孔隙含水层,颜色为黄红色、紫红色,层中钙质呈均丝状及结核,内含砾石透镜体,厚度为 5～40 m。在第四系中部和底部夹有砂、砂砾含水层透镜体,仅局部发育,厚度为 0～3.92 m。据抽水试验资料,单位涌水量为 0.015～0.13 L/(s·m),渗透系数为 0.256～1.525 m/d,地下水类型为重碳酸钙镁水。

② 基岩孔隙裂隙含水层

a. 白垩系砾岩孔隙裂隙含水层:该层为覆盖于煤系地层之上的孔隙承压含水层,主要赋存于井田中深部,由东向西逐渐增厚,厚度为 0～500 m。颜色为赤紫色,夹有粉色、浅绿色砂岩薄层。砂泥质胶结,砾石成分有花岗片麻岩、花岗岩、石英岩和安山岩砾等,粒径一般为 20～50 mm,大者达 500 mm 以上。据 805 号孔抽水试验资料,其单位涌水量为 0.000 66 L/(s·m)。渗透系数为 0.002 8 m/d,地下水位标高+615 m,水质类型为重碳酸钙镁钾钠型。

b. 上侏罗含水层:

Ⅰ. 六煤组上含水层。由砂岩、泥岩、砂质泥岩交替组成,东北厚,西北薄,厚度为 3～150 m,平均厚 46.81 m,岩性松散。据简易水文观测,其冲洗液的消耗量为 0.01～0.28 m^3/h。据 14 号、118 号孔抽水试验资料,其单位涌水量为 0.011 5～0.035 L/(s·m),渗透系数为 0.073～0.093 m/d。据单孔的抽水资料分析,上部的煤系砂岩涌水量大于下部。水质类型为重碳酸钾钠型。

Ⅱ. 六煤组裂隙含水层。六煤组局部裂隙发育,厚度约 26 m。102 号、132 号、136 号钻孔钻进中漏水严重,132 号钻孔钻进仅 6 min 就消耗 0.8 m^3 泥浆,且未返上水来。据 136 号孔简易抽水试验,其单位涌水量为 0.243 5 L/(s·m),渗透系数为 0.974 m/d。

Ⅲ．六煤组下部孔隙裂隙含水层。六煤组下部的灰白色砂岩、砂砾岩胶结较上部好，厚度为 50～100 m。据简易水文观测，其冲洗液的消耗量为 0.01～0.17 m^3/h。据123 号孔抽水试验，其单位涌水量为 0.001 9 L/(s・m)，渗透系数为 0.009 m/d，水质类型为重碳酸钾钠型。

③ 断层水

该区边界断层 F1、F2 较大，断距 100 m 以上，破碎带较厚，破碎带为砂泥质充填，通过 F1 时，涌水量无明显变化，简易水文无明显变化。矿井生产实见断层时，除一井断层 F31 涌水量增大外，其他断层涌水量无太大变化，说明该区断层透水性微弱。

6.4.2 巷道变形失稳特征

红庙煤矿属于典型的软岩矿井。经过多年的研究和实践，当前采用锚网索喷支护，取得了比较理想的支护效果。但是自 2006 年起，六采区回风总排巷道的一段发生严重变形，严重部位巷道收缩量达 70%以上，多次返修都未能获得理想效果。如图 6-4 所示，图中 1 区为返修巷道段，2 为开拓巷道掘进工作面。

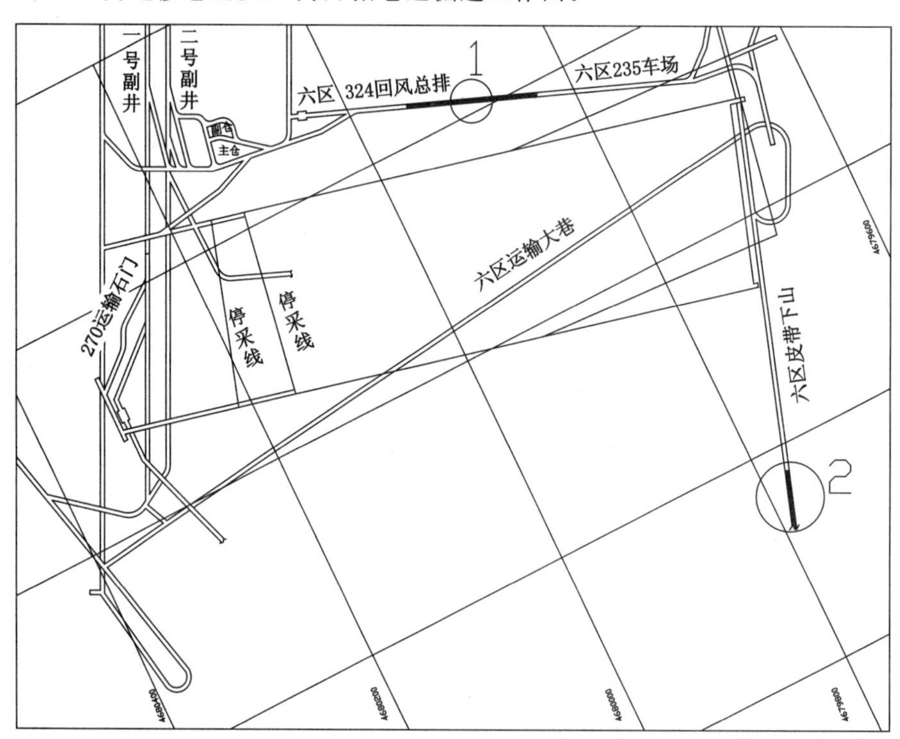

图 6-4　失稳巷道位置

6.4.3 巷道变形失稳机理分析

(1) 围岩力学性能分析

第 3 章岩石的力学性能测试结果表明：该区域围岩属于地质软岩，而且受水化影响显著，部分围岩遇水会出现泥化现象；试样经过水浸泡后，强度急剧降低，粉砂岩试件浸泡 3 h、9 h 后单轴抗压强度分别为自然状态单轴抗压强度的 68.5%和 39.1%；粗砂岩试件浸泡 3 h、9 h 后单轴抗压强度分别为自然状态单轴抗压强度的 31.4%和 12.5 %；细砂岩试件浸泡 3 h、9 h 后单轴抗压强度分别为自然状态单轴抗压强度的 36.8%和 20.66%。

另有资料表明红庙煤矿软岩具有明显的膨胀性。

(2) 地应力特征

巷道所处环境的地应力特征对巷道变形、失稳具有重要的作用。选择红庙煤矿二井六采区下山石门处进行地应力测量，地应力测量结果见表 6-1。

表 6-1 地应力测量结果

主应力/MPa	$\sigma_1=14.1$	$\sigma_2=11.3$	$\sigma_3=7.9$
主应力方向/(°)	220.28	49.50	129.91
主应力倾角//(°)	−10.73	97.22	−4.24

按金尼克理论计算得出的原岩应力值为：

垂直应力：$\sigma_z=\lambda H=2\ 400\ \mathrm{kg/m^3}\times 400\ \mathrm{m}=9.6\ \mathrm{MPa}$。

水平应力：$\sigma_x=\sigma_y=\lambda\sigma_z=\dfrac{0.25}{1-0.25}\times 9.6\ \mathrm{MPa}=3.2\ \mathrm{MPa}$。

由实测和理论计算结果可以看出：实测的最大水平应力是理论计算的 4.4 倍，实测的最小水平应力是理论计算的 2.4 倍，实测的垂直应力是理论计算的 1.2 倍。所以红庙煤矿水平构造应力十分明显。

(3) 巷道水环境

调查发现：在巷道失稳严重地段有明显的含水特征。根据巷道的空间关系可知巷道顶部 22 m 左右存在废弃的采空区，该采空区的积水顺沿采动裂隙下渗成为巷道破坏的水害来源，巷道在水岩耦合作用下失稳。

6.4.4 围岩控制方案

(1) 方案一——返修巷道围岩控制方案

针对现场情况，设计两种围岩控制方案。方案一针对图 6-4 中 1 号位置进行总回风巷道多次返修。巷道围岩控制方案采用锚网索喷配合 U 型钢可缩性金属支架的支护形式，如图 6-5 所示。锚杆采用 ϕ20 mm、长度 2 400 mm 的螺纹钢锚杆，间、排距为 800 mm×800 mm；锚索采用 ϕ15.24 mm、长度 6 000 mm 的钢绞线锚索，间、排距为 3 200 mm×3 200 mm；喷浆厚度 350 mm。外用 U36 型钢可缩性金属支架，间距为 700 mm，采用木料对支架进行壁后充填。

(2) 方案二——围岩锚注控制方案

针对红庙煤矿 2 号位置(图 6-4)掘进工作面具体情况，设计方案二对围岩进行控

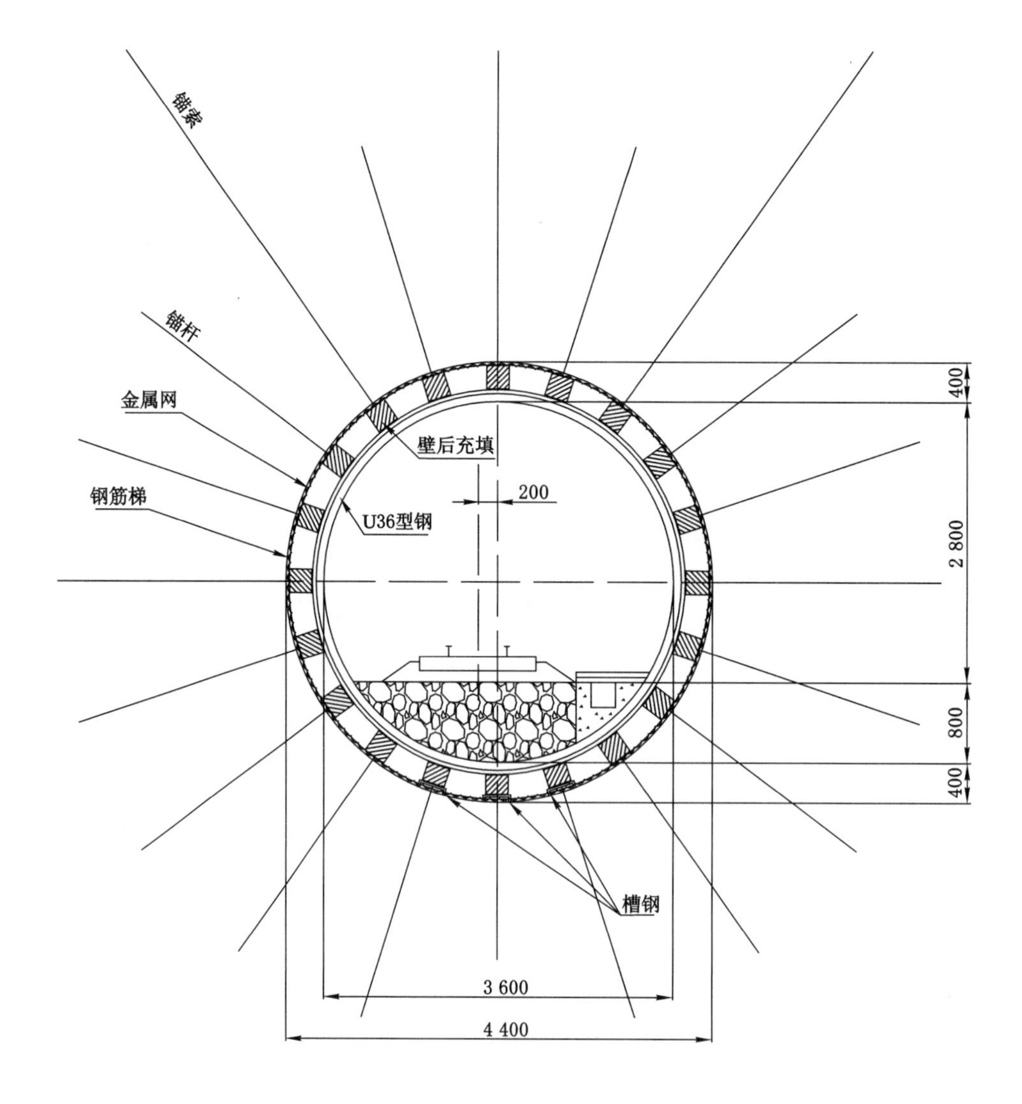

图 6-5　方案一(单位:mm)

制,如图 6-6 所示。

底板采用混凝土反拱加螺纹钢锚杆支护,锚杆间、排距为 800 mm×800 mm,锚杆长度为 2 400 mm,采用全长锚固形式。

顶板和巷道帮部采用高强度螺纹钢锚杆和注浆锚杆联合的锚注支护,采用 ϕ20 mm、长度为 2 400 mm 的螺纹钢锚杆,锚杆间、排距为 1 000 mm×1 000 mm;注浆锚杆采用 ϕ22 mm 无缝钢管,长度为 2 200 mm,间、排距为 1 000 mm×1 000 mm,与高强螺纹钢锚杆间隔呈梅花形布置。

二次支护用 350 mm 喷浆加锚索,锚索采用 ϕ15.24 mm、长 7 000 mm 的钢绞线锚索,间、排距为 1 500 mm×2 200 mm,二次支护时间为巷道开挖后 12～15 d。

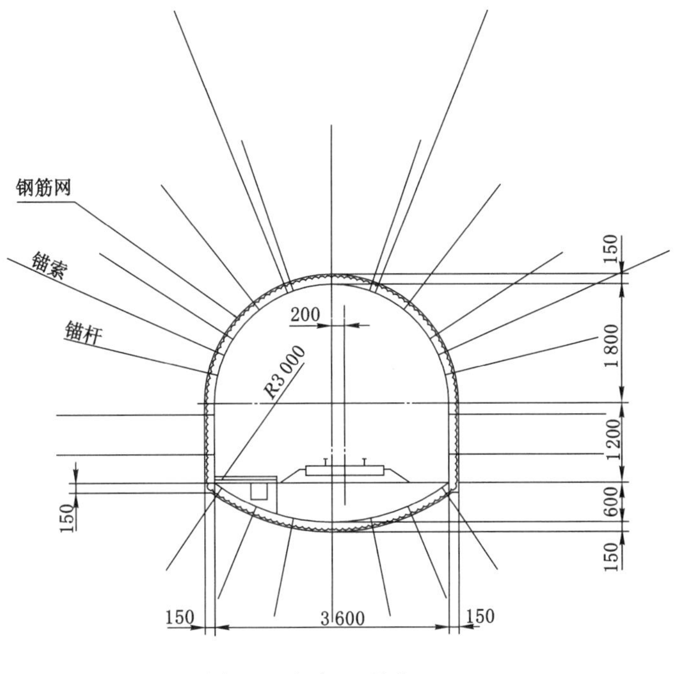

图 6-6　方案二(单位:mm)

6.4.5　现场工业试验

根据方案一进行了现场工业试验,具体情况如下。

(1) 工业试验基本措施

① 严格控制循环进尺。循环进尺为锚杆排距的 1 倍或 2 倍,掘进端面空顶距离在考虑锚杆和钢带的安装和宽度基础上,设计为:

$$L=2\times 锚杆排距+0.2\ \mathrm{m}$$

其循环误差严格控制在±0.1 m。

② 严格控制锚孔的角度。要求现场做到锚孔与顶板夹角控制在 80°～90°,以防止锚杆穿皮安设。

③ 严格控制锚杆安设的预紧力。要求锚杆的预紧力必须达到 1.5 t 以上,以防止预紧力不够而出现顶板离层,达不到预期支护效果。

④ 严格控制顶板的裸露时间。要求顶板暴露 24 h 以内喷浆,以防止围岩风化脱落。

⑤ 严格控制喷层的厚度。要求喷层的厚度控制在 100 mm 以上,一方面增强防风化的能力,另一方面增强顶板岩层表面的整体抗拉强度。

⑥ 严格控制钢带的搭接和接顶效果,一方面要求相邻钢带之间相互搭接,另一方面考虑顶板会出现超欠挖现象,故要求钢带与顶板间有间隙时必须背实接顶。

同时,在严格实施以上技术措施的基础上,为强化施工人员的质量意识,提高其技术水平,对施工人员进行了培训,建立了以矿长、工程师、区长、段队长及施工班长为核心的分级施工质量管理奖惩考核管理制度。

(2) 巷道围岩收敛观测

① 观测点布置

a. 观测断面的布置：考虑到试验巷道工程量和观测需要，同时为了消除端部影响，在58 m返修巷道中设置3个观测断面，在每个观测断面安设表面位移测量基点和顶板离层测量基点。观测断面间距15 m，其中，第一监测断面距离返修巷道边界13 m，第三监测断面距离返修巷道边界15 m，如图6-7所示。

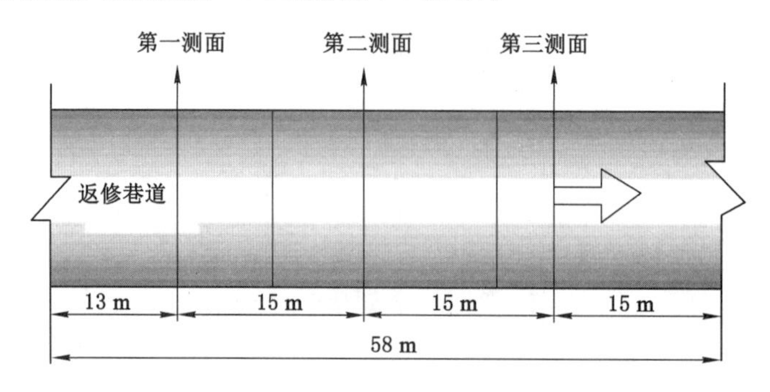

图6-7　巷道断面布置示意图

b. 观测基点的安设：表面位移测量采用三角形方法进行测量，观测基点布置如图6-8所示。

表面收敛点采用收敛计进行测量。观测时只需量测量L_{AB}、L_{AC}和L_{BC} 3个值作为日常观测值。

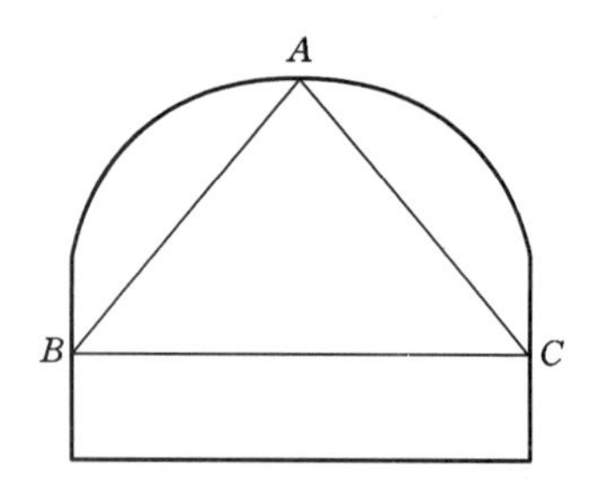

图6-8　观测断面观测基点布置示意图

② 矿压观测结果与分析

将近30 d的观测表明巷道得到了较好的控制。图6-9为第一测面围岩位移曲线，图6-10为第二测面围岩位移曲线，图6-11为第三测面位移曲线。经计算整理，其结果见表6-2。

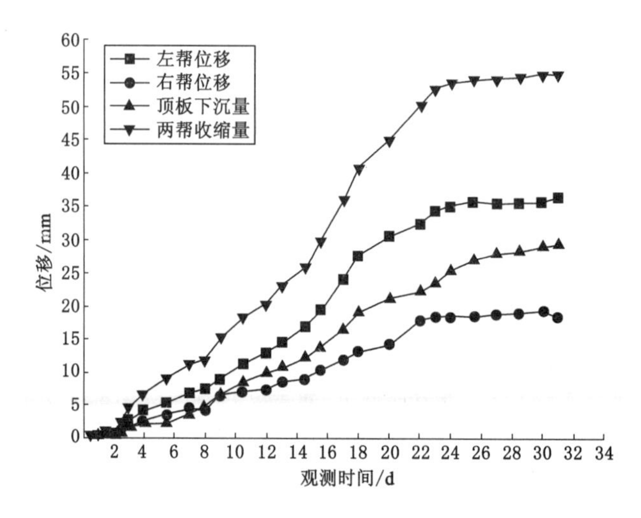

图6-9　第一测面围岩位移曲线

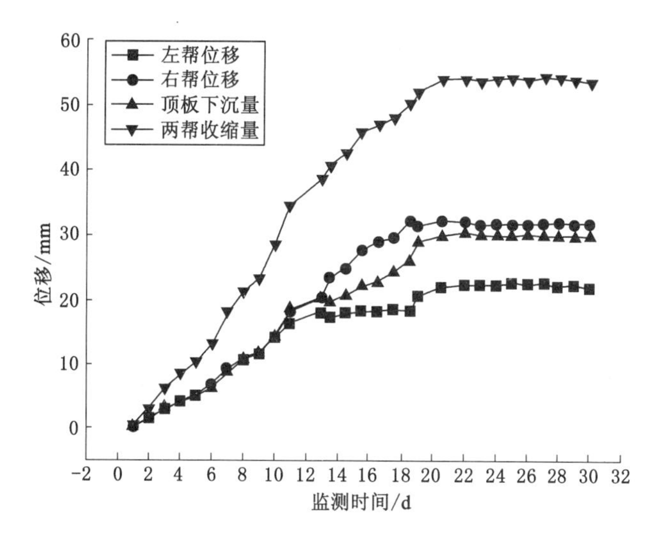

图 6-10　第二测面围岩位移曲线

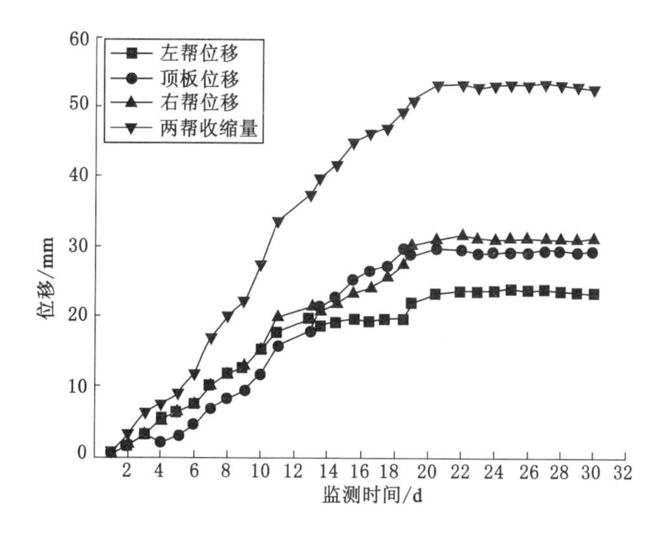

图 6-11　第三测面围岩位移曲线

从观测结果来看，巷道的位移不大。在近一个多月的观测时间内，顶板最大下沉量为 31.6 mm，两帮最大位移为 54.83 mm。由围岩位移来看，巷道四周呈均匀内挤的趋势。由围岩位移变化曲线来看，巷道在掘进后 20 d 左右趋于稳定。由此可以看出该支护方案是可取的。

表 6-2　观测断面位移

观测断面	顶板下沉量(*A* 点)/mm	两帮移近量 /mm		
		左帮(*B* 点)	右帮(*C* 点)	两帮
Ⅰ	29.36	36.29	18.54	54.83
Ⅱ	31.60	21.94	29.88	53.54
Ⅲ	31.09	23.17	29.29	52.46

6.5　本章小结

(1) 水作用下软岩巷道变形失稳机理:水岩相互作用降低了围岩强度,使围岩的自承能力大幅度降低,并且降低了软岩体的蠕变强度,增加了蠕变变形量。在没有二次支护或者二次支护控制不当的情况下,巷道围岩发生蠕变破坏,致使巷道失稳破坏。

(2) 水作用下软岩巷道并非具有单一的变形力学机制,而是复合型变形力学机制。因此,水作用下软岩巷道围岩控制方法的核心:首先控制水,即通过及时喷浆,避免工作空间水分与巷道围岩充分接触,称为隔离水。其次通过向岩体内注浆控制岩体内水分对巷道围岩的水化作用,最大程度保证围岩的整体性和提供围岩自承能力,称为防堵水。最后进行有效的二次支护。二次支护的实质是控制巷道围岩的蠕变变形,在初次支护后,巷道围岩并没有完全进入稳定状态,而是继续蠕变变形,因此二次支护要在巷道围岩变形进入稳定蠕变后马上实施。

(3) 以锚注为主要控制手段的复合控制方案是对水作用下软岩巷道围岩控制的有效方法。根据工程环境设置合理的围岩控制参数,将取得理想效果。

(4) 针对红庙煤矿巷道变形特征,分析了其变形失稳机理。针对不同的巷道位置和围岩特征,设计了 2 种围岩控制方案,对现场试验效果分析,喷锚注加二次锚索联合支护的围岩控制方法适合水岩耦合作用下的软岩巷道。

7　结论及展望

7.1　结论

本书以煤矿开采学、矿山压力与岩层控制、岩石力学、渗流力学、损伤力学和岩石流变力学等学科基础理论为核心，采用现场调研、实验室试验、理论分析和数值计算相结合的研究方法，对水岩耦合作用下软岩巷道的变形机理及其控制方法进行了深入研究，得到如下主要结论：

(1) 通过对软岩在不同浸水状态下的物理、力学参数进行测试，获取了软岩在水作用下的强度和弹性参数的软化规律：

① 软岩浸水后的宏观效果表明：不同的软岩成分和结构，浸水后的效果不同，大致分为浸水泥化型软岩、浸水碎胀型软岩和复合型软岩三类。

② 软岩的单轴抗压强度和弹性模量随着岩石含水率的增大呈负指数型衰减。

③ 由软岩应力-应变关系曲线可见：随着浸润时间的增加，岩石试件在进入弹性阶段之前有越来越长的压密过程；应力-应变关系曲线上有明显的屈服段，且其长度有增长的趋势，从而弹性阶段相应变短。

(2) 利用 SJ-1B 三轴仪进行了水岩耦合作用下软岩蠕变试验，分别研究了含水率和孔隙水压力对软岩蠕变特性的影响，研究结果表明：含水率和孔隙水压力作用下软岩的初始蠕变变形量和极限蠕变变形量增大，没有发现对软岩初始蠕变强度产生影响。

孔隙水压力对软岩的蠕变影响显著，如果不考虑含水率的影响，孔隙水压力降低了试件的应力水平，致使施加在多孔介质骨架上的实际压力相对于不考虑孔隙水压力的总应力变小，蠕变变形量也随之减小，并使岩石的破坏形态由延性向脆性转化。

(3) 蠕变试验结果表明：西原体黏弹塑性流变模型能够较好地反映软岩变形特征，利用 MATLAB 软件编写了基于模式搜索理论的最小二乘优化算法对模型进行了参数识别，能够快速、准确地识别模型参数，有效地克服了常规最小二乘法在模型参数识别时遇到的初值问题，具有较高的工程应用价值。

(4) 本书基于 Visual Studio 2008 平台对 FLAC3D 软件进行了二次开发，将西原体模型嵌入了 FLAC3D 软件的蠕变模型库，实现了基于该蠕变模型对软岩蠕变行为的数值模拟。按照标准试件尺寸建立了数值模型，将模拟结果与实验室测试结果进行了对比分析，较好的拟合结果验证了该开发程序的可靠性。

(5) 建立了岩石应力场和渗流场耦合作用下的流固耦合蠕变数学模型，利用

FLAC3D 软件调用 xiyuan.dll 和流固耦合模块对该数学模型进行了数值求解，模拟了水岩耦合作用下软岩巷道围岩蠕变变形特征及其控制效果，研究结果表明：

水对软岩巷道的影响显著，主要体现在巷道围岩位移变化，在孔隙水压力作用下，最大位移增大(32.758－26.696)/26.696＝22.7％，水平位移增大(26.07－22.877)/22.877＝13.9％；巷道围岩的应力集中区域出现在巷道底脚和斜上方 35°～45°。

巷道底鼓现象明显，局部底鼓位移大于顶板和帮部，因此应该采取积极的底板控制措施，不宜采取被动的清底，避免致使整个巷道无法控制。

从巷道围岩控制效果来看，采取锚喷注联合支护的围岩控制方案能够较好地控制巷道围岩变形主要体现在：① 巷道的最大位移量从 73.69 cm 降低为 39.26 cm；② 应力集中区域的位置没有发生变化，但是应力集中程度得到了缓解；③ 巷道围岩塑性区范围明显减小，下降到支护前的 25％左右；④ 巷道支护后有效控制了围岩的长期流变，使巷道变形趋于稳定。

(6) 水作用下软岩巷道变形失稳机理：水岩相互作用降低了围岩强度，使围岩的自承能力快速、大幅度下降，降低了软岩体的蠕变强度，增加了蠕变变形量，在没有二次支护或者二次支护不当的情况下，巷道围岩蠕变变形持续，直至巷道失稳破坏。

(7) 通过对红庙煤矿软岩巷道围岩参数测试、地应力测量和软岩的水理特征研究表明：该区域巷道围岩变形失稳原因是构造应力机制和水岩耦合作用机制共同作用结果，利用书中的研究成果进行了控制方案设计，并进行了现场试验。对现场试验效果分析，喷锚注加二次锚索联合支护的围岩控制方法适合水岩耦合作用下的软岩巷道。

7.2 展望

受诸多因素限制，本书还存在不足之处，今后将在以下方面深入研究：

(1) 岩石的水理特征比较复杂，不同的岩性组成和地质条件下的水岩耦合作用体现出不同的工程特性，由于岩石中存在的矿物成分不同，不同地区地下水环境中的酸碱情况复杂，工程施工同时也改变着工程环境的水文地质条件和水环境的酸碱度，因此，考虑水化学作用下的水岩耦合作用对软岩巷道的影响是今后的一个研究方向。

(2) 随着深部开采的进行，温度灾害越来越受到重视，因此，考虑温度场影响的软岩巷道围岩控制技术研究将是今后主要研究工作之一。

(3) 软岩巷道所处地质条件复杂、多变，人为施工扰动对其影响显著。因此，对软岩巷道工程的超前探测、超前预注浆控制，将软岩巷道转变为非软岩巷道的理论与实践是今后要做的工作。

(4) 随着科技的不断进步，岩土工程监测技术得到了快速发展。目前对软岩巷道的监测大多数停留在变形结果上，因此对工程施工中围岩变形和应力重新分布过程的可视化监测技术的研究具有重要的意义。

参考文献

[1] 颜文,周丰峻,郑明新.长衡段软岩水理特性研究[J].华东交通大学学报,2005,22(2):15-17,32.

[2] 蔡美峰.岩石力学与工程[M].北京:科学出版社,2002.

[3] 何满潮,孙晓明.中国煤矿软岩巷道工程支护设计与施工指南[M].北京:科学出版社,2004.

[4] 谢和平,彭苏萍,何满潮.深部开采基础理论与工程实践[M].北京:科学出版社,2006.

[5] LOGAN J M,BLAEKWELL M L. The influence of chemically active fluids on frictional behavior of sandstone[J]. EOS, transactions, American geophysical union,1983,64(2):835-837.

[6] 李刚,申金雷,李广贺,等.水岩耦合作用对软岩巷道变形影响的数值模拟[J].安全与环境学报,2016,16(5):146-150.

[7] 李炳乾.地下水对岩石的物理作用[J].地震地质译丛,1995,17(5):32-37.

[8] 李辉.富碱性水弱胶结软岩巷道围岩控制机理与应用研究[D].徐州:中国矿业大学,2020.

[9] 贾后省,王璐瑶,刘少伟,等.巷道含水软岩顶板锚索树脂锚固增效方法[J].岩石力学与工程学报,2019,38(5):938-947.

[10] 李刚,申金雷,李广贺,等.水岩耦合作用对软岩巷道变形影响的数值模拟[J].安全与环境学报,2016,16(5):146-150.

[11] 梁东伟.富水软岩巷道变形破坏机理及其支护技术研究[D].淮南:安徽理工大学,2016.

[12] 张艳博,刘翠萍,梁鹏,等.软岩巷道掘进突水过程红外时空演化特征研究[J].煤炭科学技术,2016,44(3):152-157.

[13] VAN ASCH T W J,HENDRIKS M R,HESSEL R,et al. Hydrological triggering conditions of landslides in varved clays in the French Alps[J]. Engineering geology,1996,42(4):239-251.

[14] SALAMON M D G. Stability,instability and design of pillar workings[J]. International journal of rock mechanics and mining sciences & geomechanics abstracts,1970,7(6):613-631.

[15] KARL T. Theoretical soil mechanics[M]. Hoboken: John Wiley & Sons,

Inc. ,1943.
[16] BIOT M A. General theory of three-dimensional consolidation[J]. Journal of applied physics,1941,12(2):155-164.
[17] BIOT M A. Theory of elasticity and consolidation for a porous anisotropic solid [J]. Journal of applied physics,1955,26(2):182-185.
[18] BIOT M A. Theory of deformation of a porous viscoelastic anisotropic solid[J]. Journal of applied physics,1956,27(5):459-467.
[19] KATSUBE N,CARROLL M M. The modified mixture theory for fluid-filled porous materials:theory[J]. Journal of applied mechanics,1987,54(1):35-40.
[20] LI X K,ZIENKIEWICZ O C,XIE Y M. A numerical model for immiscible two-phase fluid flow in a porous medium and its time domain solution[J]. International journal for numerical methods in engineering,1990,30(6):1195-1212.
[21] LEWIS R W,ROBERTS P J,SCHREFLER B A. Finite element modelling of two-phase heat and fluid flow in deforming porous media[J]. Transport in porous media,1989,4(4):319-334.
[22] CHAKRABARTY C,FAROUQ ALI S M,TORTIKE W S. Effects of the non-linear gradient term on the transient pressure solution for a radial flow system [J]. Journal of petroleum science and engineering,1993,8(4):241-256.
[23] 梁冰,孙可明,薛强. 地下工程中的流-固耦合问题的探讨[J]. 辽宁工程技术大学学报(自然科学版),2001,20(2):129-134.
[24] 刘建军,薛强. 岩土工程中的若干流-固耦合问题[J]. 岩土工程界,2004(11):27-30.
[25] 梁冰,章梦涛. 对煤矿岩体中固流耦合效应问题研究的探讨[J]. 阜新矿业学院学报(自然科学版),1993,12(2):1-6.
[26] 董平川,郎兆新,徐小荷. 油井开采过程中油层变形的流固耦合分析[J]. 地质力学学报,2000,6(2):6-10.
[27] 董平川,徐小荷. 储层流固耦合的数学模型及其有限元方程[J]. 石油学报,1998,19(1):64-70.
[28] 薛世峰,宋惠珍. 非混溶饱和两相渗流与孔隙介质耦合作用的理论研究——数学模型[J]. 地震地质,1999,21(3):243-252.
[29] 薛世峰,宋惠珍. 非混溶饱和两相渗流与孔隙介质耦合作用的理论研究——方程解耦与有限元公式[J]. 地震地质,1999,21(3):253-260.
[30] 李锡夔. 多孔介质中非线性耦合问题的数值方法[J]. 大连理工大学学报,1999,39(2):166-171.
[31] 冉启全,顾小芸. 油藏渗流与应力耦合分析[J]. 岩土工程学报,1998,20(2):69-73.
[32] 冉启全,李士伦. 流固耦合油藏数值模拟中物性参数动态模型研究[J]. 石油勘探

与开发,1997,24(3):61-65.

[33] 冉启全,顾小芸. 弹塑性变形油藏中多相渗流的数值模拟[J]. 计算力学学报,1999,16(1):24-31.

[34] 黎水泉,徐秉业. 双重孔隙介质流固耦合理论模型[J]. 水动力学研究与进展(A辑),2001,16(4):460-466.

[35] 黎水泉,徐秉业,段永刚. 裂缝性油藏流固耦合渗流[J]. 计算力学学报,2001,18(2):133-137.

[36] 吉小明,王宇会,阳志元. 隧道开挖问题中的流固耦合模型及数值模拟[C]//中国力学会岩土力学专业委员会. 第九届全国岩土力学数值分析与解析方法讨论会论文集. 武汉:[出版者不详],2007.

[37] 刘建军,张盛宗,刘先贵,等. 裂缝性低渗透油藏流-固耦合理论与数值模拟[J]. 力学学报,2002,34(5):779-784.

[38] 耿乃光,郝晋昇,李纪汉,等. 断层泥力学性质与含水量关系初探[J]. 地震地质,1986,8(3):56-60.

[39] 刘光廷,胡昱,李鹏辉. 软岩遇水软化膨胀特性及其对拱坝的影响[J]. 岩石力学与工程学报,2006,25(9):1729-1734.

[40] 刘新荣,傅晏,王永新,等.(库)水-岩作用下砂岩抗剪强度劣化规律的试验研究[J]. 岩土工程学报,2008,30(9):1298-1302.

[41] DYKE C G,DOBEREINER L. Evaluating the strength and deformability of sandstones[J]. Quarterly journal of engineering geology and hydrogeology,1991,24(1):123-134.

[42] HAWKINS A B,MCCONNELL B J. Sensitivity of sandstone strength and deformability to changes in moisture content[J]. Quarterly journal of engineering geology and hydrogeology,1992,25(2):115-130.

[43] 喻学文,吴永锋. 长江三峡巴东县城区三道沟滑坡成因研究[J]. 工程地质学报,1996,4(1):1-7.

[44] 陈钢林,周仁德. 水对受力岩石变形破坏宏观力学效应的试验研究[J]. 地球物理学报,1991,34(3):335-342.

[45] 康红普. 水对岩石的损伤[J]. 水文地质工程地质,1994,21(3):39-41.

[46] LÓPEZ J L,RAPPOLD P M,UGUETO G A,et al. Integrated shared earth model:3D pore-pressure prediction and uncertainty analysis[J]. The leading edge,2004,23(1):52-59.

[47] LAI D P,LIANG R. Coupled creep and seepage model for hybrid media[J]. Journal of engineering mechanics,2008,134(3):217-223.

[48] TOMANOVIC Z. Rheological model of soft rock creep based on the tests on Marl[J]. Mechanics of time-dependent materials,2006,10(2):135-154.

[49] JIN F,ZHANG C H,WANG G,et al. Creep modeling in excavation analysis of a

high rock slope[J]. Journal of geotechnical and geoenvironmental engineering, 2003,129(9):849-857.

[50] PELLET F L,FABRE G. Damage evaluation with P-wave velocity measurements during uniaxial compression tests on argillaceous rocks[J]. International journal of geomechanics,2007,7(6):431-436.

[51] TUNCAY K. Failure, memory, and cyclic fault movement[J]. Bulletin of the seismological society of America,2001,91(3):538-552.

[52] XIAO X H,EVANS B,BERNABÉ Y. Permeability evolution during non-linear viscous creep of calcite rocks[J]. Pure and applied geophysics,2006,163(10):2071-2102.

[53] HUFFMAN A R. The future of pore-pressure prediction using geophysical methods[J]. The leading edge,2002,21(2):199-205.

[54] PHIENWEJ N,THAKUR P K,CORDING E J. Time-dependent response of tunnels considering creep effect[J]. International journal of geomechanics,2007,7(4):296-306.

[55] GRIGGS D. Creep of rocks[J]. The journalof geology,1939,47(3):225-251.

[56] LANGER M. Rheological behavior of rock masses[C] // Proc. of 4th Cong. of ISRM. [S. l. :s. n.] ,1979.

[57] LADANYI B,GILL D E. In-situ determination of creep properties of rock salt [C] //International society for rock mechanics. Rotterdam:A. A. Balkema,1983.

[58] ITÔ H. Creep of rock based on long-term experiments[C]//Fifth international congress on rock mechanics. Rotterdam:A. A. Balkema,1983.

[59] ITÔ H,SASAJIMA S. A ten year creep experiment on small rock specimens[J]. International journal of rock mechanics and mining sciences & geomechanics abstracts,1987,24(2):113-121.

[60] ITÔ H. The phenomenon and examples of rock creep[M]//Rock testing and site characterization. Amsterdam:Elsevier,1993:693-708.

[61] OKUBO S,NISHIMATSU Y,FUKUI K. Complete creep curves under uniaxial compression[J]. International journal of rock mechanics and mining sciences & geomechanics abstracts,1991,28(1):77-82.

[62] MATSUMOTO M,TATSUOKA F. Study of rheological modelling of creep behavior for sedimentary soft rock[C] //Proc. of the 51th annual conference of the Japan society of covil engineers. [S. l. :s. n.] ,1996.

[63] KORZENIOWSKI W. Rheological model of hard rock pillar[J]. Rock mechanics and rock engineering,1991,24(3):155-166.

[64] MARANINI E,BRIGNOLI M. Creepbehaviour of a weak rock: experimental characterization[J]. International journal of rock mechanics and mining sciences,

1999,36(1):127-138.

[65] MALAN D F. Time-dependent behaviour of deep level tabular excavations in hard rock[J]. Rock mechanics and rock engineering,1999,32(2):123-155.

[66] MALAN D F, VOGLER U W, DRESCHER K. Time-dependent behaviour of hard rock in deep level gold mines[J]. Journal of South African Institute of Mining and Metallurgy,1997,97(3):135-147.

[67] MALAN D F. An investigation into the identification and modelling of time-dependent behaviour of deep level excavations in hard rock[D]. Johannesburg: University of the Witwatersrand,1998.

[68] SENSENY P E. Specimen size and history effects on creep of rock salt[C] // Proc. of the 1th conference on the mechanical behaviour of salt. Switzerland: Trans Tech Publications,1981:369-379.

[69] VOUILLE G, TIJANI M, GRENIER F D. Experimental determination of the rheological behaviour of tersanne rock salt[C]//Proc. of the 1th conference on the mechanical behaviour of salt. Switzerland: Trans Tech Publications,1981:408-420.

[70] CORNELIUS R R, SCOTT P A. A materials failure relation of accelerating creep as empirical description of damage accumulation[J]. Rock mechanics and rock engineering,1993,26(3):233-252.

[71] MUNSON D E. Constitutive model of creep in rock salt applied to underground room closure[J]. International journal of rock mechanics and mining sciences, 1997,34(2):233-247.

[72] CALLAHAN G D, MELLEGARD K D, HANSEN F D. Constitutive behavior of reconsolidating crushed salt[J]. International journal of rock mechanics and mining sciences,1998,35(4-5):422-423.

[73] HAUPT M. A constitutive law for rock salt based on creep and relaxation tests [J]. Rock mechanics and rock engineering,1991,24(4):179-206.

[74] 陈宗基,康文法. 岩石的封闭应力、蠕变和扩容及本构方程[J]. 岩石力学与工程学报,1991,10(4):299-312.

[75] 孙钧,章旭昌. 软弱断层流变对地下洞室围岩力学效应的粘弹塑性分析[J]. 岩土工程学报,1987,9(6):16-26.

[76] 宋德彰,孙钧. 岩质材料非线性流变属性及其力学模型[J]. 同济大学学报(自然科学版),1991,19(4):395-401.

[77] 凌建明,孙钧. 脆性岩石的细观裂纹损伤及其时效特征[J]. 岩石力学与工程学报, 1993,12(4):304-312.

[78] 陈有亮,孙均. 岩石的流变断裂特性[J]. 岩石力学与工程学报,1996,15(4): 323-327.

[79] 刘保国,孙均. 岩石流变本构模型的辨识及其应用[J]. 北方交通大学学报,1998, 22(4): 10-14.

[80] 朱定华,陈国兴.南京红层软岩流变特性试验研究[J].南京工业大学学报(自然科学版),2002,24(5):77-79.

[81] 于永江,刘峰,张伟,等.富水软岩流变扰动效应实验及本构模型研究[J].振动与冲击,2019,38(12):199-205.

[82] 陈沅江,潘长良,王文星.软岩流变的一种新的试验研究方法[J].力学与实践,2002,24(4):42-45.

[83] 董志宏,丁秀丽,邬爱清,等.地下洞室软岩流变参数反分析[J].矿山压力与顶板管理,2005,22(3):60-62.

[84] 胡华.软弱岩土突发地质灾害的动态流变力学机理分析[J].灾害学,2005,20(4):13-17.

[85] 王永岩,李剑光,魏佳,等.黏弹性有限元反分析方法及其在软岩流变问题中的应用[J].煤炭学报,2007,32(11):1162-1165.

[86] 高延法,曲祖俊,牛学良,等.深井软岩巷道围岩流变与应力场演变规律[J].煤炭学报,2007,32(12):1244-1252.

[87] 包兴胜.软岩巷道流变稳定性研究[J].采矿技术,2007,7(2):34-35.

[88] 赵延林,曹平,陈沅江,等.分级加卸载下节理软岩流变试验及模型[J].煤炭学报,2008,33(7):748-753.

[89] 张强勇,向文,杨文东,等.坝区岩体蠕变参数反演与边坡开挖流变计算分析[J].武汉大学学报(工学版),2008,41(5):72-76.

[90] 张尧,熊良宵.岩石流变力学的研究现状及其发展方向[J].地质力学学报,2008,14(3):274-285.

[91] 王襄禹,柏建彪,胡忠超.软岩巷道围岩的流变特性及其控制技术分析[J].煤炭工程,2008(2):73-75.

[92] 赵旭峰,孙钧.挤压性软岩流变参数反演与本构模型辨识[J].铁道工程学报,2008(5):5-8.

[93] 南培珠,宋永杰,王金安.基于流变分析的软岩回采巷道全程变形规律研究[J].中国矿业,2009,18(4):62-65.

[94] 孙钧.岩土材料流变及其工程应用[M].北京:中国建筑工业出版社,1999.

[95] 朱合华,叶斌.饱水状态下隧道围岩蠕变力学性质的试验研究[J].岩石力学与工程学报,2002,21(12):1791-1796.

[96] 杨彩红,王永岩,李春林.含水率变化对深部工程岩体蠕变规律的影响[J].化工矿产地质,2007,29(1):55-60.

[97] 刘光廷,胡昱,陈凤岐,等.软岩多轴流变特性及其对拱坝的影响[J].岩石力学与工程学报,2004,23(8):1237-1241.

[98] 荣耀,许锡宾,靖洪文,等.不同含水岩石蠕变试验电磁辐射频谱分析[J].岩石力学与工程学报,2005,24(增1):5090-5095.

[99] 颜炳杰,赵先茂,张农.水敏性软岩水患巷道围岩综合控制技术[J].能源技术与管

理,2006(3):26-27,67.

[100] 华福才,李善聚,刘夕才. 膨胀性围岩巷道水的治理[J]. 焦作工学院学报(自然科学版),2000,19(2):94-97.

[101] 李海燕,李术才. 膨胀性软岩巷道支护技术研究及应用[J]. 煤炭学报,2009,34(3):325-328.

[102] 许兴亮,张农. 富水条件下软岩巷道变形特征与过程控制研究[J]. 中国矿业大学学报,2007,36(3):298-302.

[103] 许兴亮,张农,毕善军. 裂隙水致泥化软岩巷道综合控制工程实践[J]. 煤炭科技,2007(2):65-68.

[104] 许兴亮,张农. 泥化软岩巷道动态过程控制技术[C] //中国煤炭学会开采专业委员会 2007 年学术年会论文集. 大同:[出版者不详],2007:181-186.

[105] 傅立新,周旭. 喷锚支护的时间效应与空间效应[J]. 中南公路工程,2003,28(1):37-38,50.

[106] 荣耀. 巷道支护时机与围岩级别关系的研究[J]. 矿山压力与顶板管理,2003,20(4):11-13.

[107] 杨林德,颜建平,王悦照,等. 围岩变形的时效特征与预测的研究[J]. 岩石力学与工程学报,2005,24(2):212-216.

[108] 王祥秋,陈秋南,韩斌. 软岩巷道流变破坏机理与合理支护时间的确定[J]. 有色金属,2000,52(4):14-17.

[109] 王小平. 软岩巷道合理支护时间模拟研究[J]. 采矿与安全工程学报,2006,23(1):103-106.

[110] 梁涛,刘晓丽,王思敬. 采动裂隙扩展规律及渗透特性分形研究[J]. 煤炭学报,2019,44(12):3729-3739.

[111] 张礼,齐庆新,张勇,等. 采动覆岩裂隙场三维形态特征及其渗透特性研究[J]. 采矿与安全工程学报,2021,38(4):695-705.

[112] 吉小明,白世伟,杨春和. 与应变状态相关的岩体双重孔隙介质流-固耦合的有限元计算[J]. 岩石力学与工程学报,2003,22(10):1636-1639.

[113] 乔丽萍. 砂岩弹塑性及蠕变特性的水物理化学作用效应试验与本构研究[D]. 武汉:中国科学院研究生院(武汉岩土力学研究所),2008.

[114] LEWIS R W,ROBERTS P J,SCHREFLER B A. Finite element modelling of two-phase heat and fluid flow in deforming porous media[J]. Transport in porous media,1989,4(4):319-334.

[115] LEWIS R W,SUKIRMAN Y. Finite element modelling of three-phase flow in deforming saturated oil reservoirs[J]. International journal for numerical and analytical methods in geomechanics,1993,17(8):577-598.

[116] MARANINI E,YAMAGUCHI T. A non-associated viscoplastic model for the behaviour of granite in triaxial compression[J]. Mechanics of materials,2001,33

(5):283-293.

[117] 吕奇峰. 广域努森数下流体的运动方程[D]. 北京:清华大学,2014.

[118] 张均锋,张华玲,孟达,等. 采动影响下强充水型隐伏岩溶陷落柱围岩变形与渗流场数值模拟[J]. 岩石力学与工程学报,2009,28(S1):2824-2829.

[119] 王学滨. 峰后脆性对非均质岩石试样破坏及全部变形的影响[J]. 中南大学学报(自然科学版),2008,39(5):1105-1111.

[120] 李厚恩,孙强,朱志刚,等. 岩石材料变形稳定性的非线性分析[J]. 金属矿山,2009(4):16-19,39.

[121] FLAC3D User guide(version 5.01)[Z]. [S. l. :s. n.]:2012.

[122] 谈和平,马义伟. 两相流体扩容流动的数值计算[J]. 哈尔滨工业大学学报,1984,16(2):50-61.

[123] 丁秀丽. 岩体流变特性的试验研究及模型参数辨识[D]. 武汉:中国科学院研究生院(武汉岩土力学研究所),2005.

[124] 褚卫江,徐卫亚,杨圣奇,等. 基于 FLAC3D 岩石黏弹塑性流变模型的二次开发研究[J]. 岩土力学,2006,27(11):2005-2010.

[125] 邹力,彭雄志. 浅谈 FLAC-3D 的应用原理、优缺点及改进措施[J]. 四川建筑,2007,27(1):152-153.

[126] 章新华. FLAC 程序及其在双连拱隧道开挖方案比选中的应用[J]. 深圳土木与建筑,2006,3(1):44-47.

[127] 艾志雄,罗先启,刘波,等. FLAC 基本原理及其在边坡稳定性分析中的应用[J]. 灾害与防治工程,2006 (1):19-24 .

[128] 展国伟,夏玉成,杜荣军. Hoek-Brown 强度准则在 FLAC3D 数值模拟中的应用[J]. 采矿与安全工程学报,2007,24(3):366-369.

[129] 李玉兰. FLAC 基本原理及在岩土工程分析中的应用[J]. 企业技术开发,2007,26(4):62-63.

[130] 张蕊,宋传中,马还援. 基坑开挖与支护 FLAC 数值模拟计算及分析[J]. 安徽地质,2007,17(1):54-59.

[131] 武崇福,刘东彦,方志. FLAC3D 在采空区稳定性分析中的应用[J]. 河南理工大学学报(自然科学版),2007,26(2):136-140.

[132] 刘贵应,李正川. FLAC3D 技术在锚杆"耦合"支护工程中的应用研究[J]. 地下空间与工程学报,2007,3(3):509-512.

[133] 孙建国,王芳其,程崇国. 地下工程围岩稳定性的 3D-FLAC 位移分析[J]. 公路隧道,2007(4):35-40.

[134] 陈育民,徐鼎平. FALC/FALC3D 基础与工程实例[M]. 北京:中国水利水电出版社,2008.

[135] 张国华,李凤仪. 矿井围岩控制与灾害防治[M]. 徐州:中国矿业大学出版社,2009.